造・景・觀

造 · 景 · 觀

조경을 바라보다, 경관을 만들다

초판 1쇄 펴낸날 _ 2013년 2월 28일
글쓴이 _ 임승빈, 강영은, 권니아, 김대수, 김대현, 김영민, 김영진, 박명권, 백재봉,
　　　　 변재상, 신지훈, 윤희정, 이춘석, 정욱주, 정윤희, 주신하, 최형석, 한성미
펴낸이 _ 신현주 ‖ 펴낸곳 _ 나무도시
신고일 _ 2006년 1월 24일 ‖ 신고번호 _ 제396-2010-000140호
주소 _ 경기도 고양시 일산동구 장항동 733 한강세이프빌 201-4호
전화 _ 031.915.3803 ‖ 팩스 _ 031.916.3803 ‖ 도서주문 팩스 _ 031.622.9410
전자우편 _ namudosi@chol.com
편집 _ 남기준 ‖ 디자인 _ 임경자
필름출력 _ 한결그래픽스 ‖ 인쇄 _ 백산하이테크

ISBN 978-89-94452-20-3 93520

정가 15,000원

造 _조

조경을 바라보다

景 _경

경관을 만들다

觀 _관

임승빈, 강영은, 권니아,
김대수, 김대현, 김영민,
김영진, 박명권, 백재봉,
변재상, 신지훈, 윤희정,
이춘석, 정욱주, 정윤희,
주신하, 최형석, 한성미 지음

나무도시

임승빈 교수의 텃밭에서 가꾼

조경 그리고 경관에 대한 생각의 씨앗들!

우리나라에 근대적인 의미의 조경이 시작된 지 벌써 40년이 지났다. 1973년에 한국조경학회가 창립되고 서울대학교와 영남대학교에 조경학과가 설치된 것을 그 시작이라고 한다면 올해로 꼭 40년이 되는 셈이다. 그동안 우리 조경은 많은 성장을 해 왔다. 1970~80년대에는 각종 개발 사업으로 몸살을 앓던 국토를 치유하는 역할을, 1990년대 이후에는 급속도로 늘어나는 신도시 열풍을 지원하는 역할을, 그리고 2000년대 이후로는 아름다운 경관과 지속가능한 개발을 조화롭게 추구하는 역할을 수행하면서, 시대의 흐름에 맞추어 무척 다양한 분야로 확대되고 발전해 왔다.

이렇게 우리나라 조경이 성장하게 된 이면에는 선배 조경인들의 힘겨운 노력들이 숨어 있다. 건축에 치이고, 토목에 시달렸던 선배 조경인들의 이야기들을 들을 때면 오늘날 우리 조경이 자리하기까지 있었던 많은 어려움을 간접적으로나마 느끼게 된다. 그러나 무엇보다도 이러한 조경인들의 뒤에는 늘 조경이라는 텃밭을 묵묵히 가꾸어 주시는 든든한 교육자들이 있었다는 것을 우리는 잊지 않아야 한다.

40년을 맞이하는 우리 조경계에는 세대교체의 바람이 불고 있다. 아니 이미 상당부분 세대교체가 진행되고 있다고도 볼 수 있다. 묵묵히 텃밭을 가꾸시던 교육자들은 이제 튼실한 열매들을 보며 텃밭들을 후배들에게 내어줄 준비를 하고 있다.

이 책은 임승빈 교수가 서울대학교에서 지난 30여 년 동안 꾸준히 일구어온 텃밭에서 나온 결실들을 모은 결과물이다. 그에게 직접, 간접적으로 지도를 받은 제자들이 각자의 자리에서 나름대로 고민하며 정리한 성과들을 새로운 세대들에게 전해 주었으면 하는 바람으로 한 권의 책으로 묶어낸 것이다.

책의 시작은 텃밭의 주인인 임승빈 교수의 글로 시작한다. 그는 경관에 대한 다양한 연구와 경험을 바탕으로 경관과 우리의 삶에 대한 이야기를 전하고 있다. 서구의 경관 관련 이론과 우리나라의 전통적 풍수지리설을 비교하여 제안한 '경관을 바라보는 통합적 관점'은 매우 흥미로운 대목으로 향후 발전이 기대되는 부분이다. "경관인문학 서설序說"이라는 글의 제목에서도 나타나듯이 시각적 · 공학적 접근의 한계를 지적하며 삶의 방식과 존재적 의미에 대해 충분히 고민하는 인문학적 소양이 무엇보다 중요하다고 강조하는 대목과, 모든 국민이 평등하게 수준 높은 경관을 향유할 수 있는 경관복지사회를 만들자는 제안은 후학들에게 던져주는 의미가 남다르다고 할 수 있다.

서론에 이어지는 본문은 크게 '조경'과 '경관'이라는 키워드를 바탕으로 두 개의 장으로 나뉘어 전개된다. 『造 · 景 · 觀』이란 책의 제목은 '조경造景을 바라보다觀, 경관景觀을 만들다造'라는 중의적인 의미로 읽히기를 바라는 의도에서 작명된 것으로 전체적인 책을 구성하는 틀이기도 하다.

우선 '조경을 바라보는' 글은 조경 계획과 설계에 관한 특별한, 때로는 개인의 경험에서 우러나오는 현장감 있는 이야기들로 전개된다. 이러한 이야기들을 통해 '조경가의 눈'을 가질 수 있기를 희망해 본다.

　박명권은 조경 설계에 관한 꽤 오래된 질문들에 대한 물음에 스스로 답하고 있다. 자연과 인공, 과학과 예술, 채움과 비움, 한국적 조경이라는 네 가지 질문에 대해 풍부한 설계 경험을 바탕으로 이야기를 풀어간다. 권니아는 1960년대부터 신문 지면에 나타난 조경이라는 키워드가 어떤 흐름으로 변화해 왔는지를 시대별로 살펴보았다. 조경 태동기에서부터 올림픽 유치와 신도시 건설을 거쳐 오늘날에 이르기까지의 변화무쌍한 양상을 신문 기사를 통해 흥미롭게 정리하였다.

　정윤희와 김영민은 설계공모전의 뒷이야기를 서로 상반된 입장에서 들려준다. 한 사람은 공모전을 운영하는 입장에서, 다른 한 사람은 공모전에 참가하는 입장에서 느낀 점들을 아주 구체적으로 전달하고 있다. 아마도 공모전에 참가해 본 사람이라면 공모전의 안팎에서 일어나는 다양한 상황에 대해서 충분히 공감하리라 생각한다. 주신하는 공간 설계를 처음 시작하는 사람들 입장에서 스케일의 문제에 대한 고민을 전해주고 있다. 상상한 공간과 실제 보여지는 공간의 차이를 보정할 수 있는 경험과 기술이 필요하다고 주장하면서, 적절한 공간감이 조경가에게 중요한 덕목임을 강조하는 의미에서 landSCALE architect가 되자고 이야기하고 있다. 정욱주는 외부 공간에 대한 투덜거림을 조경 직업병이라고 표현하면서 설계가로서 우리 도시 경관의 수준을 결정하는 여러 가지 원인들에 대해 주목한다. 왜 우리 조상들의 정제된 경관 수준이 현대 도시에서는 나타나지 않을까라는 궁금증에서 출발하여 현재 경관 인식의 주체인 우리 자신들에 대한 심층적인 이해가 필요하다는 결론에 이른다.

　이춘석은 도시에서 이제 더 이상 열 받지 말자고 한다. 도시의 열쾌적성에 대한 공학적이고 기술적인 내용을 EnergyScape란 개념을 통해 조경계획가로서의 입장에서 정리하였다. 아울러 우리나라에서도 가로수 그늘 아래서 한가롭게 커피를 마시고 싶다는, 소박하지만 절실한 바람도 곁들였다. 윤희정은 끊임없이 확산하는 도시에 대한 반작용으로 주목받고 있는 농촌적 가치를 Rural Sprawl이라고 정의하고, 이를 농업생산코드, 커뮤니티와 소통, 전원 로맨스, 농촌 관광, 흐릿한 경계와 경계 효과, 공공성 등의 키워드로 진단한다.

　'경관을 만드는' 글은 역사 경관과 농촌 경관, 랜드마크와 색채에 대한 고찰까지 다양한 이야기가 펼쳐진다. 우리가 살아가고 있는 도시와 농촌 공간에 대한 여러 실천적 방안에 대한 이야기들을 통해 '경관계획가의 손'을 가질 수 있기를 바래본다.

　신지훈은 무분별하게 개발된 도시를 경관적으로 병들었다고 진단하고 이를 거시적 측면에서의 생태적 접근과 미시적 측면에서의 심미적 접근의 통합을 통해 치유할 수 있다고 이야기한다. 김대현은 아파트 옥외공간에서 나타나는 변화 양상을 진입구, 녹지공간, 옥외시설물, 체육공간, 휴게공간, 어린이놀이터, 보행자 위주의 동선, 1층부 공간, 지하공간과 수경시설, 건축물의 외형과 색채 등을 중심으로 살펴보면서 앞으로 나타날 수 있는 아파트 경관의 진화 양상을 진단하고 있다.

　변재상은 세계 주요 도시들의 도시 브랜딩, 랜드마크 관리 사례 등을 소개하면서 존 트라볼타와 니콜라스 케이지가 영화 '페이스 오프'에서 그랬던 것처럼 우리 도시의 얼굴을 바꾸어 새로운 운명으로 거듭나도록 하자고 이야기한다. 백재봉은 일본에서 추진된 네 개의 경관 관련 프로젝트를 소개한다. 역사 경관, 지역 자원, 산업 유산, 자연 경관 등을 키워드로 한 경관 프로젝트 사례들을 통해 경관 만들기에서 무엇이 중요한지를 엿볼 수 있다.

　김대수는 도시 경관의 색채를 아이들 방이 순식간에 어질러지는 것에 비유하면서 도시 경관 색채가 혼잡해지는 현상을 엔트로피가 높아지는 것이라고 설명한다. 아울러 도시 색채 문제를 해결하기 위한 구체적 대안을 제시하고 있다. 김영진은 외부 공간으로 확장하면서 조경과 접점을 갖게 된 화예디자인에 초점을 맞추었다. 특히 도시 미관에 많은 영향을 주는 공공 화예디자인의 문제점과 현황을 다양한 시각으로 진단한다.

　최형석은 오랜 시간에 걸쳐 만들어진 역사 경관을 보전하기 위한 실천적인 고민을 토로한다. 역사 경관을 보전하기 위한 다양한 수법을 소개하면서, 특히 역사 경관 보전을 위해서는 무엇보다 국민적 공감대와 사회적 합의, 제도의 정비 등이 중요하다고 주장한다. 강영은은 경관 계획에서 그동안 다소 소외되었던 농촌 경관에 집중한다. 개인적인 흥미에서 출발하여 농촌 경관의 원형을 찾기 위해 진행한 고문헌 검토, 농촌마을 답사 등의 여정을 보여주면서, 지금까지 우리가 무상으로 즐긴 농촌 경관에 진 빚을 앞으로 어떻게 갚아야 할지 궁리해야 한다고 이야기한다. 한성미는 어릴 적 추억의 장소에 대한 기억을 넌지시 소개하며 장소성의 속삭임에 귀 기울일 것을 권한다. 공간을 다루는 계획가 입장에서 장소다움을 떠올리며, 하루 쯤 시간 내어 과거의 추억 속 장소, 내가 꿈꾸는 장소에 대해 생각해 보길 제안한다.

다소 어수선한 여정일 수도 있겠다. 크게 조경과 경관으로 나누어 놓았지만, 그렇다고 각각의 글들이 조경과 경관에 대한 체계적인 설명도 아니니 일정한 맥락이 집히지 않을 수도 있겠다. 그러나 조경과 경관, 둘 다 만만치 않게 넓은 범위를 다루고 있는 대상들이 아닌가? 오히려 이런 다양한 시각들이 조경과 경관의 여러 얼굴들을 솔직하고 건강하게 전달해주지 않을까 싶기도 하다.

사실 이 책의 기획 의도에는 조경과 경관 분야에 막 관심을 갖게 된 이들에게 여러 층위의 생각과 시각들을 보여주자는 뜻도 담겨 있다. 하나의 주제에 천착하기 보다는 여러 가지 메뉴를 조금씩 맛보게 해주는 샘플러가 되는 것도 좋겠다는 생각이었다. 일단 맛을 좀 보고 입에 맞으면 그 분야에 대해 본격적으로 공부를 시작할 수 있지 않을까.

조경과 경관에 대한 다양한 관점을 하나로 묶어 본다면 그것은 '우리의 삶'이라고 할 수 있다. 조경과 경관의 궁극적인 지향점이 결국은 '우리의 삶'과 직·간접적으로 연결되어 있다는 이야기다. 조경과 경관의 출발지점을 생각해 보면, 다양한 관점이 모두 '삶'으로 귀결된다는 것은 매우 당연한 결과일지 모르겠다. 그러나 구체적 대상이나 유형을 기준으로 분석적으로 조경과 경관을 다루어 온 그동안의 경험에 비추어 볼 때, 앞으로의 조경과 경관은 궁극적으로는 '우리의 삶'을 바꾸어야 하는 새로운 역할로 변화해야 한다는 것을 예견하는 것은 아닐까하는 생각도 하게 된다.

끝으로 이 책이 나오기까지 수고를 아끼지 않았던 나무도시의 남기준 편집장에게 깊은 감사의 말을 전하고 싶다. 처음 이 책에 대한 이야기를 자신 없이 건넬 때 오히려 흔쾌히 제안을 받아주어 진행하는데 큰 용기를 얻었던 것으로 기억한다. 그리고 전체적인 기획과 진행, 그리고 말하는 사람이나 듣는 사람 모두에게 부담이 되는 원고 청탁까지 함께 나누어 맡아 준 변재상 교수, 윤희정 교수, 그리고 온갖 굳은 일을 마다 않고 전방위적인 지원을 아끼지 않았던 정윤희 님에게도 감사의 마음을 전한다. 이들의 도움이 없었더라면 이 책이 영영 나오지 못 했을 거라는 생각을 여러 번 했던 것 같다.

그러나 무엇보다 이러한 결과를 얻을 수 있도록 씨앗을 뿌린 임승빈 교수께 특별한 감사의 말씀을 드려야 할 것 같다. 이 책의 모든 글은 그의 글을 인용하는 것으로 시작하고 있는데, 이처럼 이 책은 그의 씨앗들이 단초가 되어 만들어진 결과라고 할 수 있다. 비록 이 책에서 모아진 결과물들이 부족한 점이 많겠지만, 앞으로 또 다른 씨앗이 되어 더 큰 열매가 맺히기를 기대해 본다. 다시 한 번 모든 집필진을 대신하여 임승빈 교수께 깊은 감사의 마음을 전한다.

2013년 2월
집필진을 대신해서

주신하

차례

Part2. 경관을 만들다

경관인문학 서설序說: 경관의 다원적 형성과 우리의 삶

임승빈 _ 서울대학교 조경 · 지역시스템공학부 교수

최근 우리 사회는 경관을 단순히 조망 대상으로 보는데서 벗어나 경관의 다양한 측면에 관심을 보이고 있다. 인간의 시지각 대상을 넘어 청각, 후각, 미각, 촉각은 물론 사유의 대상으로서의 경관, 더 나아가 인간 삶의 역사가 응고된 경관, 그리고 인간 존재와 연결된 경관까지 관심의 폭을 넓혀가고 있다.

또한 21세기 들어 우리나라가 복지시대의 문턱에 이르면서 경관을 시민 복지의 한 측면으로 보는 경관 복지에도 관심을 보이고 있으며, 경관 복지의 관점에서 복지의 주체인 주민의 의사를 존중하는, 주민이 직접 참여하는 경관 만들기가 대세를 이루고 있다.

21세기는 소통의 시대다. 통치자, 행정가 혹은 전문가 중심의 전통적 하향식 경관 만들기 시대는 지나가고 이제는 이용자인 주민과의 적극적 소통을 통한 경

관 만들기가 21세기의 대세다. 주민의 삶과 문화를 탐구하는 인문학적 관점에서 경관의 다원적 형성과 실존적 의미, 그리고 우리나라 고유 경관의 회복에 대하여 논하고자 한다.

경관의 다원적 형성

경관이 만들어지는데 있어서는 자연의 특성 즉 생태계의 특성이 그 밑바탕이 되며, 여기에 형태미 및 상징미 부여와 관련된 인공적 형성이 가미된다. 인공적 경관 형성은 미적 활동뿐이 아니고 의식주를 포함하는 인간의 모든 공간적 활동을 포함한다. 이러한 인간의 다양한 공간적 활동은 문화 활동의 범주에 속한다고 할 수 있다.

경관을 형성하는데 있어 골격이 되는 것은 자연 환경이며, 자연 환경의 형태를 결정짓는 것은 생태적 원리다. 일찍이 생태적 계획을 강조한 미국의 맥하그McHarg 교수도 그의 생태적 결정론에서 자연의 형태는 생태적 원리에 의해 지배된다고 주장한 바 있다. 예를 들면 하나의 숲이 형성되는 데에는 수많은 생태적 인자들 즉 지질, 지형, 토양, 배수, 식생, 수문, 야생동물, 기후 등과 같은 인자들이 상호작용을 하며, 그 결과물로써 하나의 숲이 형성된다. 이들 관련 인자들은 정적인 것이 아니며 시간의 흐름에 따라 끊임없이 변화해 나간다. 이들 동적인 인자들은 상호작용을 통하여 상호균형을 유지하고 있는데 이를 동적動的인 평형平衡이라고 부른다.

우리가 지금 보고 있는 숲은 일견 정지된 현상으로 보일지 모르나 그 이면에는 각종 생태적 인자들 간의 끊임없는 상호작용이 일어나고 있다. 따라서 우리가 자연을 볼 때에는 단순히 물리적 형태만 볼 것이 아니라 그 이면에서 벌어지고 있는 생태적 상호작용을 읽을 줄 알아야 한다. 생태적 상호작용을 읽는데 그치지 말고 더 나아가 과거를 이해하고 미래의 변화를 예측할 수 있는 안목도 가져야 한다. 지금 눈에 보이는 자연은 끊임없이 생성 변화해 나가는 과정의 한 단면이며, 자연을 기본 골격으로 하는 경관도 시간 흐름에 따라 끊임없이 생성·변화되고 있다.

관악산. 우리가 보고 있는 눈 덮인 산의 이면에는 여러 생태인자들 간의 상호작용이 끊임없이 일어나고 있으며 이들간의 동적 평형이 이루어지고 있다.

　　인간은 한편으로 자연에 순응하고 다른 한편으로는 자연을 변화시키면서 생존을 위하여 자연에 적응해 왔다. 인간은 이러한 적응과정의 일환으로 자연을 변화시켜 정주 환경을 만들게 되며, 이러한 정주 활동의 결과물이 문화 경관으로서 우리에게 지각되는 것이다. 경관에는 인간이 자연에 적응한 흔적이 남아있게 마련이며, 경관은 이러한 적응 활동의 산물이라고 부를 수 있다. 이러한 적응 활동은 결국 인공 환경 조성으로 귀결되는데 현대에 오면서 그 활동의 범위와 규모는 극도로 확대되어 전 지구적으로 환경 재앙을 초래하고 있다. 이들 경관에 내재된 인공적 요소의 관찰을 통하여 인간의 적응 활동을 파악한다는 것은 쉬운 일이 아니다. 인간의 적응 활동은 인간의 거의 모든 활동을 포함할 정도로 다양하므로 특정 경관에서 나타나는 인간의 적응 양상을 올바로 이해하기 위해서는 인간 행태 및 사회에 대한 폭넓은 지식을 갖추어야 하기 때문이다. 예를 들어 하나의 가로 풍경을 볼 때 건물의 형태, 가로수의 종류, 차도와 인도의 구성 등으로부터 그와 같은 형태와 구성을 지닐 수밖에 없는 이유를 인간의 적응 행태에서 찾아낸다는 것은 쉬운 일이 아니다. 건물의 내적 기능과 형태의 관계, 건물과 가로의 관계, 보행자와 주행자의 관계, 시공 기술의 이해 등 수 없이 많은 관련 인자들에 대한 지식이 있어야 적응 행태를 바르게 이해할 수 있기 때문이다. 그러나 이와 같은 인간의 적응 행태를 밝혀내는 작업은 문화 경관을 올바로 이해하는데 필수적 사항임에 틀림이 없다.

인간이 이 땅에 존재하기 시작한 때부터 인간은 본능적으로 아름다움을 추구해왔다. 이와 같은 아름다움의 추구 행위는 인간의 모든 활동에서 나타나며 적응 활동에서도 예외는 아니다. 적응 활동의 일환으로 이루어지는 환경의 변화를 단순히 기능적으로만 만족시키려 하지 않고 그 변화가 인간의 미적 욕구를 충족시키도록 하는 것이 인간의 타고난 본능이다. 이러한 인간의 미적 욕구는 인간의 생존에 관계되는 생리적 욕구(예: 의식주)와는 다르며, 또한 호기심에서 유래되는 '구체적 탐구행위(예: 과학, 철학)'와도 구별된다고 실험미학자인 벌라인Berlyne이 주장한 바 있다. 벌라인은 아름다움의 추구 행위는 지루함을 줄이기 위한 '다양성 탐구행위'라고 하였다. 즉 아름다움의 추구 행위는 생존 활동이나 지적 호기심과는 다른 차원에서 추구되는 쾌락감 혹은 즐거움을 찾는 인간 활동이라는 것이다. 예를 들어 사람과 차의 통행의 편리함을 위하여 가로망을 구성할 때에도 단순히 기능적 고려만을 하는 것이 아니라, 가로의 교차점에 조각 분수 등을 위치시켜 시각적 초점을 만들고 화초 등으로 장식하며, 가로변 건물의 높이 및 형태도 일정한 시각적 질서가 유지되도록 하는데, 이를 인간의 생존이나 지적 호기심과는 전혀 관계없는 '다양성 탐구' 즉 시각적 즐거움을 찾는 미적 추구 행위로 보는 것이다. 이와 같은 맥락에서 볼 때 문화 경관에는 기능적 측면의 적응 활동과는 구별되는 미적 구성의 차원이 있음을 알 수 있다.

인간이 생활환경을 조성함에 있어서 상징성의 부여 행위 또한 빠뜨릴 수 없는 중요한 사항이다. 앞서 언급된 미적 형성이 '형태미'에 관계된다면 여기서 언급되는 상징적 형성은 '상징미'에 해당된다고 볼 수 있다. 인간은 자신의 주변 사물에 자신의 자연관 혹은 우주관 등과 관련된 상징적 의미를 부여해왔다.

이는 자신의 정신세계를 구체적 물리적 형태로 형상화함으로써 물리적 세계에서 정신적 세계를 느낄 수 있도록 하는 인간의 독특한 행태이다. 우리는 이러한 예를 수 없이 많이 보아왔다. 백제시대에는 궁남지에 신선사상神仙思想에서 유래된 삼신선산三神仙山의 하나인 방장산方丈山을 상징하는 섬을 만들어 신선의 세계에서 살고자 하였다. 조선시대의 정원에서는 사각형의 연못에 원형의 섬이 있는 방지方池를 많이 볼 수 있는데 사각형의 연못은 땅을, 원형의 섬은 하늘을 상징하여 소우주를 나타내고자 하였다. 이와 같이 인위적으로 상징적 형태를 조성하기도 하고, 기존의 자연에 상징성을 부여하기도 하였다. 예를 들면 풍수지리설에서 명당 주변을 둘러싸는 산에 청룡, 백호, 현무, 주작 등의 상징적 의미를 부여함은 잘 알려진 사실이다.

자본주의 도시 경관에 익숙해 있는 우리로서는 공산주의 국가의 도시 경관을 볼 때 어딘가 이질적 분위기를 느낀다. 이러한 이질감은 경제체제 즉 자유경제체제와 국가통제 경제체제의 차이에서 오는 것으로 볼 수 있다. 우리나라의 거

제주도. 경관 형성에는 생태적, 문화적, 사회적, 경제적 요인 등이 영향을 미치며, 세월의 흐름과 더불어 이들의 상호작용에 의하여 문화 경관이 형성된다.

리에서는 어지러운 간판, 상품 광고탑, 그리고 다양한 형태와 크기의 건물을 흔히 보게 된다. 그러나 사회주의 공산국가의 거리에서 간판, 광고탑 등은 거의 볼 수 없으며 대신 특정인의 동상 혹은 선전 구호가 눈에 띄며, 건물들의 형태와 크기도 훨씬 정돈되어 있음을 볼 수 있다. 우리나라 안에서도 경제적 활동의 유형과 활발함에 따라 그 풍경이 달라짐은 물론이다. 즉 생산 중심 도시인지 소비 중심 도시인지에 따라서 그 도시의 경관이 완연히 다르게 나타난다.

이상에서 언급된 바와 같이 경관을 결정하는 인자는 생태적, 문화적, 사회적, 경제적 인자 등을 포함하여 무수히 많이 있으며, 세월의 흐름과 더불어 이들의 복잡한 상호작용에 의하여 문화 경관이 형성된다.

경관의 시대적 형성

앞서 살펴본 바와 같이 문화 경관을 형성하는 요인은 다양하게 많으나, 시대에 따라서 강조되는 인자가 다르고 따라서 경관의 모습도 다양하게 나타난다.

레포포트Rapoport는 물리적 환경의 형성은 선택과정을 통하여 이루어진다는 '선택 모델choice model of design'을 주장한 바 있다. 즉 물리적 환경의 형성은 관련 인자들이 복합된 다양한 대안代案 가운데에서 여러 단계의 선택 과정을 거치면서 이루어진다고 보는 것이다. 따라서 경관은 구성원의 가치와 생활 양식에 따른 적절한 선택의 결과로서 만들어지며, 경관의 양식樣式은 구성원의 문화 및 규범에 따른 특정 대안이 지속적으로 일관성 있게 선택된 결과로서 형성된다고 할 수 있다. 이러한 선택의 결과로서 유교 문화권에 속해있는 한국, 중국, 일본의 도시 경관에는 유사한 점이 많으며, 문화권이 다른 동양과 서양의 도시 경관과는 많은 차이점이 발견된다. 기후적, 지형적, 사회적 제약이 강한 경우에는 선택의 폭이 좁아지며, 그렇지 않을 경우에는 선택의 폭이 넓어진다. 현대는 과학기술의 발달로 기후적, 지형적 제약을 극복할 수 있으며, 자유로운 사회 구조를 지니고 있으므로 과거보다 선택의 폭이 넓다고 볼 수 있다. 선택의 폭이 넓어질수록 선택의 과정은 더욱 복잡한 과정을 거치게 되며, 이러한 결과로 현대에는 보다 다양한 도시 경관이 형성되고 있다.

역사적으로 볼 때 경관 형성에서 시대적 상황에 따라 경관의 어느 한 두 측면이 강조되고 있음을 볼 수 있다. 고대 이집트 시대에는 주택 정원에서 사막의 기후에 대응하여 미기후를 조성하는 적응적 측면이 강조되었으며, 르네상스와 바로크 시대의 도시 형성에 있어서는 대칭, 축의 설정, 시각적 초점 형성 등의 시각적 구성을 중요시 여기는 미적 측면이 강조되었다. 20세기에 들어와서 소위 모더니즘 시대에는 건축에서 철, 유리 등 재료의 간결한 표현을 추구하였으며, 도시 구성에서도 자동차 통행 및 토지 이용 효율의 극대화를 추구하는 경제적 기능적 측면이 강조되었다고 볼 수 있다. 환경 문제가 대두되기 시작한 1960년대 이후 서구에서, 그리고 최근에는 전 세계적으로 생태적 측면의 중요성이 강조되고 있다. 최근의 포스트모더니즘 시대 이후에는 건축에서 간결함을 지양하고 다양한 표정을 추구하고 있으며, 도시 구성에 있어서도 '장소성sense of place' 과 같은 개념을 도입하여 친근감을 느낄 수 있으며, 개인의 다양한 개성에 부응할 수 있는, 의미를 함축한 공간을 추구함으로써 상징적 혹은 의미적 측면을 강조하고 있다.

우리나라에서는 전통적으로 궁궐 및 주택의 장식이나 도시의 배치에 있어서 신선사상이나 풍수사상에 입각한 고도의 상징성을 추구하였음은 잘 알려진 사실이다. 그러나 20세기 후반에 오면서 서구 문명의 영향으로 경제적 기능적 측면이 강조되다가 최근에는 다시 포스트모더니즘 혹은 현상학적 접근의 영향으로 새로운 차원의 상징성을 추구하는 경향이 많아졌으며, 여기에 환경 문제의 부각에 따른 생태적 사고가 복합적으로 혼재되어 있다고 볼 수 있다.

건축이나 도시를 구성함에 있어서 시대적 흐름에 따른 경향을 무시할 수는 없다고 하더라도 하나의 측면에 너무 몰입하게 되면 다른 측면이 소홀하게 되어 바람직한 생활환경을 조성할 수 없으며, 따라서 어느 한 측면을 강조하고 싶은 경우에도 전체를 보는 균형적인 사고가 필요하다. 생태적 측면을 무시한 미적 경관, 혹은 심미적 측면을 무시한 생태 경관은 어느 경우라도 인간의 생활과 괴리되는 결과를 초래하게 될 것이다.

문화 경관은 세월의 흐름에 따라 성숙되어가며 인간 생활환경의 일부분으로 존재하게 되어 쉽게 바꾸거나 버릴 수가 없다. 즉 경관은 한 폭의 그림처럼 마음에 안 든다고 쉽게 바꾸기 어렵다는 점에서 그 중요성이 더욱 부각된다 하겠다. 경관을 어떻게 가꾸어 나갈 것인가 하는 것은 궁극적으로 그 시대 사람이 선택할 문제이며 경관은 그 시대 삶의 표현이며 문화적 창작품이라 할 수 있다.

경관과 삶의 의미

인간은 한편으로 자신의 필요에 따라 경관을 만들어 가지만 다른 한편으로는 경관의 영향을 받아 사고와 삶의 방식이 만들어진다. 경관이 인간의 사고와 생활 방식에 영향을 미친다는 관점은 실존적 입장에서 경관을 바라보는 시각이다.

노베르그-슐츠Norberg-Schulz는 실존철학적 입장에서 경관을 분석하고 경관이 인간의 존재, 거주와 관련된 의미를 파악하고자 하였다. 이와 같은 입장은 지리학적 경관 분석에서 중요시여기는 문화적 가치 및 의미보다 한층 더 심오하다고 할 수 있는 인간의 존재적 가치 및 의미를 중요시 여긴다.

노베르그-슐츠는 현상학적 접근을 표방한 그의 저서 『장소의 영혼Genius Loci』에서 경관을 실존적 입장에서 네 가지 경관 유형으로 구분하고 있다.

첫째 유형인 낭만적 경관romantic landscape에서는 대표적 경관으로 북유럽의 숲을 들 수 있는데, 이들 숲에서는 시야가 제한되며 따라서 미시적(소규모) 공간을 경험하며, 동화 속에 나오는 숲속의 '난장이'를 만날 것 같은 느낌을 갖는다. 이와 같이 인간을 꿈꾸는 듯한 혹은 공상적인 세계로 이끌어 준다는 의미에서 낭만적 경관이라고 부른다.

둘째 유형인 우주적 경관cosmic landscape에서는 대표적 경관으로 사막을 들 수 있는데, 끝없는 불모의 땅, 구름 없는 광대한 하늘로 특징지어진다. 사막에서는 낭만적 경관에서처럼 개별적 장소가 없으며 따라서 다양한 자연력을 경험하지는 못하지만, 가장 절대적인 우주적 특성을 경험한다. 사막의 거주자에게는 '장소의 영혼'이 곧바로 '절대자' 혹은 '유일신'을 뜻한다. 유일신을 갖고 있는 기독교 및 이슬람교가 사막을 배경으로 탄생되었음은 우연한 일이 아니라고 본다.

셋째 유형인 고전적 경관classical landscape에서는 대표적 경관으로 그리스 경관을 들 수 있는데, 너무 단조롭거나 너무 복합적이지도 않으며, 규모에 있어 인간적이고 전체적으로 조화로운 균형을 이루고 있다. 또한 지형은 연속적이면서 변화를 지닌다. 그리스 사람들은 경관에서 경험된 다양한 특성들을 의인화된 신으로 인격화시킴으로써 자연과 인간의 특성을 연결시킨다. 그리스 사람들은 자연에서 '난장이' 혹은 '유일신'을 보지 않고 인간 자신을 발견한다.

넷째 유형인 복합적 경관complex landscape에서는 앞서 언급된 세 가지의 기본적 유형이 복합적으로 나타나는 경우다. 프랑스의 경관은 넓은 평야를 이루고 토지가 비옥하여 우주적·낭만적·고전적 특성이 융합되어 풍부한 의미를 지닌 통일성을 보여준다고 말한다.

이와 같이 노베르그-슐츠는 경관을 분석함에 있어서 우선적으로 경관의 구성요소를 통하여 물리적 현상을 이해하고 다른 경관과 비교하여 독특한 특성을 파악한 다음, 이들 특성이 인간 존재 혹은 거주dwelling에 어떤 의미로 연결되는가를 이해하고자 하였다.

실존적 경관의 측면에서 본다면 우리나라 경관은 그리스의 고전적 경관에 가깝다고 할 수 있다. 우리나라 지형은 백두산에서부터 지리산에 이르는 백두대간을 뼈대로하는 1대간 1정맥 13정간의 산맥을 중심으로 형성되었으며 이들 산맥 사이 계곡을 따라 강이 흐르고 있다. 높은 산이 특징적으로 솟아오르고 있으나, 전반적으로 볼 때 구릉지, 계곡, 평야, 강 그리고 하늘이 균형과 조화를 이룬 경관을 형성하고 있음이 우리나라 경관의 특징이라 할 수 있다.

강 주변에는 도시가 형성되고 골짜기에는 마을이 형성되었으며, 대부분의 도시와 마을에는 그리스인들이 만든 신화 못지않게 많은 전설 혹은 풍수 관련 설화가 전해 내려온다. 도시와 마을 경관의 규모가 인간적 척도를 넘지 않고, 자연과 인간의 조화로운 공존을 추구하였는데, 이는 경관의 형성뿐 아니라 우리 국민성이 만들어지는 바탕이 되었다고 볼 수 있다.

고유섭은 일찍이 한국의 미를 '구수한 큰 맛'으로 정의내린 바 있다. 이는 나지막한 구릉지와 그 사이를 구비치는 하천, 그리고 구릉지 기슭에 자리 잡은 취락과 농경지로 구성되는 한국의 전형적 경관에서 우러나온 것으로 볼 수 있는

영월 한반도마을(선암마을). 우리나라 국토는 70% 이상이 산지로 되어 있어 구릉지가 많은 특징이 있으며 구릉지, 경작지, 하천이 균형감 있게 조화롭게 구성되어 금수강산이라 불린다. 풍수지리설은 이러한 우리나라의 전형적 경관에 적합한 토지 해석과 이용을 위한 실천적 이론 체계다.

데, 한국의 전통미를 적절하게 표현한 고유섭의 안목에 공감하지 않을 수 없다. 또한 예로부터 우리나라를 금수강산이라 하였는데 역시 적절한 표현이라 할 수 있다. 그야말로 비단에 수를 놓듯이 산과 강이 아름답게 조화와 균형을 이루고 있는 우리나라 국토 경관의 특성을 잘 나타내는 표현이라 할 수 있다.

　실존적 관점에서 우리나라 경관을 논함에 있어 풍수지리설은 빠질 수 없는 요소이다. 풍수지리설은 중국과 한국에서 발달된 동양 고유의 사상체계로서 경관을 해석·평가하고 이를 바탕으로 인공 환경을 조성하는 데 있어서 큰 영향을 끼쳤다. 풍수설은 우리나라 사람들의 토지관의 표출이라고 볼 수 있으며, 일종의 토지 혹은 경관을 이해하는 이론 체계이며, 동시에 토지 혹은 경관을 이용하는 기술이다. 풍수지리설은 자연지세의 맥, 맥을 따라 흐르는 기, 기가 모이는 결절점, 혹은 기를 접할 수 있는 장소인 혈을 논리적 체계의 기본 요소로 하고 있다. 이러한 점에서 보면 풍수지리설에는 자연에도 생명력(혹은 기)이 있으며 인간은 자연의 일부로서 자연의 생명력과 조화를 이루어 살아가야 한다는 기본적인 사고가 있음을 알 수 있다.

동양뿐만 아니라 유럽을 포함한 세계 여러 나라에서는 일정한 장소에 특별한 의미를 부여하고 있는 것을 쉽게 알 수 있다. 각 문화권에는 나름대로의 의미 있는 장소, 즉 병의 치료, 자연과의 유대, 성스러움 혹은 공포, 위협 등을 느끼고 경험하는 특정한 장소가 있다. 서양에서는 이와 같이 독특한 느낌을 갖게 되는 것은 장소령spirit of place이 있기 때문이며, 이러한 장소령을 성스러운 장소에서 나타나는 힘으로 이해하기도 한다. '장소령'은 자연에 생명력이 있다고 보는 점에서 풍수지리설에서 말하는 '지기地氣'의 개념과 유사하다고 볼 수 있는데, 서양에서는 성소와 관련시켜 이야기하는 데 비하여 풍수지리설에서는 사람이 살 곳 혹은 죽은 후에 묻힐 곳과 관련되어 이론이 전개된다.

풍수지리설은 경관 분석에서 현상학적 접근의 측면을 포함하고 있다. 그 이유는 풍수지리설은 보이는 것뿐만 아니라 보이지 않는 것도 포함하여 총체적인 분석을 한다는 특성, 그리고 본질을 추구한다는 특성, 즉 우주의 본질이라 생각되는 자연과 인간의 조화로운 연계를 추구한다는 특성이 있기 때문이다. 그러나 풍수지리설이 현상학적 이론 체계나 방법과 일치하는 것은 아니다. 실제로 풍수지리설은 지세, 물, 좌향 등의 자연과학적 고려를 하는 생태적 측면이 있으며, 동시에 지세를 비룡승천, 연화부수 등에 비유하여 상징적으로 표현하는 의미적 측면이 있다. 따라서 풍수지리설은 생태적·상징미적·철학적 고려를 포함하는 다원적 접근방법으로 볼 수 있다. 풍수지리설은 자연의 정신적·철학적 의미를 추구하면서도 추상적 이론에만 머무르지 않고 구체적인 경관 해석 및 이용을

서촌에서 바라본 인왕산(左)과 북악산(右). 풍수지리설에 따른 한양의 현재 모습. 주산(主山)인 북악산 아래 기(地氣)가 모이는 곳에 형성되는 혈(穴) 자리에 경복궁이 자리하였고 오늘날에는 청와대가 위치하고 있다.

도모하였다는 점에 그 독특성이 있는 것이다. 풍수지리설은 우리나라의 독특한 지형 및 경관에 기초하여 전개된 우리 민족의 토지관이며 경관의 해석과 이용을 위한 실천적 이론이다. 앞으로 이를 현대적 상황에 맞게 우리 고유의 경관 이론으로 발전시킨다면 우리의 삶을 더욱 풍요롭고 윤택하게 가꾸는데 크게 기여할 것으로 기대된다.

고유 경관의 회복, 그리고 복지

우리 국토는 6 · 25 전쟁으로 산천이 헐벗었고, 1970년대 이후 산업화 과정에서 성장 일변도 정책의 추진으로 많은 고유의 경관이 소멸되고 변형되었다. 일인당 국민소득 1만 불에 이르던 1990년대 중반부터 우리나라 고유의 금수강산을 회복하고자 하는 노력이 시작되었으며, 일인당 국민소득 2만 불에 이르는 2010년부터는 경관 복지에까지 관심이 확대되고 있다.

금수강산, 그리고 고유 경관의 특성을 회복하기 위해서는 단순한 시각적 공학적 접근만으로는 한계가 있다. 고유 경관의 특성, 삶의 방식, 존재적 의미 등이 어우러진 경관 회복이어야 진정한 의미의 경관 회복이라 할 수 있다. 구릉지가 많은 지형적 특성의 강조, 마을마다 스며있는 전설의 발굴, 주민에게 의미 있는 장소의 발굴과 활성화 등을 통하여 진정한 '금수강산'을 회복하고 동시에 우리 민족의 정서에 맞는 '구수한 큰 멋'을 구현시켜야 하겠다.

우리나라가 선진국으로의 진입이 가까워지면서 국민들의 복지에 대한 열망이 높아지고 있으며, 동시에 경관의 중요성에 대한 인식이 높아지고 있다. 이에 따라 경관과 관련한 개발 구상과 계획이 전국의 지자체에서 다양하게 이루어지고 있다. 이들 사업은 표심을 의식한 행정가들이 임기 내 무리하게 완공을 목적으로 하거나 단순한 전시 효과에 그치는 경우가 많아 실제 시민의 요구나 필요성을 간과한 채 일방적으로 이루어지는 경우가 종종 있어 왔다. 그러나 복지시대를 열어가는 우리나라에서 경관 복지의 첫걸음은 생활에 밀착되고 주민이 필요로 하는 경관을 만드는 것이다. 특히 저소득층 주거지역, 재래시장, 농촌 등 사회적으로 소외된 장소에서 평등한 생활 경관을 향유할 수 있도록 하는 것이 경

이화동 골목. 경관 복지의 첫걸음은 생활에 밀착되고 주민이 필요로 하는 경관을 만드는 것이다. 특히 소외계층이 평등한 생활 경관을 향유할 수 있도록 하여야 한다.

관 복지의 우선적 고려대상이 되어야겠다.

    권위주의 시대는 가고 소통의 시대가 오고 있다. 이제는 행정가 혹은 전문가가 전문성을 앞세워 독단적으로 도시 혹은 경관을 만들어가는 시대는 저물어가고 경관 소비자의 적극적 참여가 이루어지는 프로슈밍 시대가 떠오르고 있다. 프로슈밍은 생산자producer와 소비자consumer의 합성어로서 생소자prosumer의 활동을 말하는 것으로서 소비자가 직접 생산하여 소비하는 것을 말한다. 여기서는 경관의 소비자인 주민이 경관의 생산 즉 경관의 계획·설계·시공에 직접 참여한다는, 혹은 주민의 요구 및 선호를 최대한 반영한다는 뜻이 되겠다. 이용자인 주민이 필요로 하는, 그리고 원하는 경관을 만드는 것이 21세기 경관 만들기의 중심 과제가 되고 있으며, 이를 위해서는 주민의 삶에 대한 이해가 바탕이 되어야하므로 인문학적 소양이 필수적이다.

보기만 좋은 경관을 만드는 것이 중요한 것이 아니라, 시민들이 활발하게 이용할 수 있는 의미 있는 장소를 만드는 것이 중요하다. 이를 위해서는 생태적으로 건강한 경관 만들기, 심미적으로 가치 있는 아름다운 경관 만들기, 지역의 역사와 고유의 특성이 살아있어 의미가 풍부한 경관 만들기, 시민들이 스스로 참여하는 프로슈밍 경관 만들기가 필요하다. 더불어 모든 국민이 평등하게 수준 높은 경관을 향유할 수 있는 경관 복지 사회가 확립되어야겠다.

Part 1.
조경을 바라보다

조경 설계를
바라보는
네 가지 시선

박명권 _ 그룹한 어소시에이트 대표

"한국적 토양에서 성장한 제 2세대 인력이 풍부하다는 사실은
기술 개발 및 학문 발전의 측면에서 조경분야의
앞날을 위한 긍정적 지표로 보아야 할 것이다.
조경분야가 1990년대 더 나아가서 2000년대 이후에도
계속 발전할 내적 잠재력은 충분하다고 할 수 있으나,
현실적으로 헤쳐나가야 할 과제들이 많이 있음은 사실이다."

– 임승빈, "한국 조경의 전망", 월간 「환경과 조경」 통권 12호, 1986.

이 글은 20년이 넘는 시간 동안 플러스펜을 잡고 옐로우지와 씨름하며 수많은 프로젝트를 통해 조경 디자인을 해 온 디자이너의 관점에서 바라본 조경 설계의 주요 쟁점에 대한 네 가지 시선이다. 우리 시대 조경가들은 끊임없이 보다 나은 대안을 요구하는 현실 속에서, 늘 새로운 개념의 아이디어를 만들어 내기 위해 밤잠을 설쳐가며 고민하고, 참신하고 완결성 높은 디자인을 위해 수많은 선들을 그려가며 자신과의 전쟁을 치르고 있다. 그러나 때로는 주어진 프로젝트를 수행하기 위해 도면을 채워나갈수록 본질적인 질문에 빠져들 때가 있다. 다음의 네 가지 시선은 그 근원적인 물음에 대한 답을 찾아가는 여정이기도 하다.

01: 조경은 자연의 편인가, 자연과 대치하는가?

흔히 '조경'이라고 하면 가장 먼저 무엇을 떠올리게 될까? 아마도 '나무, 정원, 자연'과 같은 단어가 아닐까 싶다. 그리고 그것들은 부인할 수 없는 조경의 핵심 단어들임에 틀림없다. 우리는 건축이나 토목, 예술분야 사람들과 이야기할 때 늘 '자연', 즉 생명을 다루는 전문가임을 내세우고, 그것이 곧 우리의 경쟁력임을 잘 알고 있다. 하지만 우리가 언제나 '전가의 보도'처럼 내세우고 있는 자연에 대한 이해가 언젠가부터 왜곡되고 있고 또 우리가 추구해야할 이상과 점점 멀어지고 있다는 생각을 지울 수 없다. 우리가 내세우는 자연은 대부분 '순수한 자연' 또는 원시성을 가진 '신비스러운 자연'인 경우가 많다. 자연이 갖고 있는 원래의 순수한 생태성을 강하게 주장할 때 건축이나 다른 분야에서 감히 넘보지 못할 것이라는 자만에 빠져있지는 않은지 이제는 한번쯤 돌이켜 보아야 한다.

원시성을 가진 자연(ⓒ주신하)

프레드릭 로 옴스테드, 조경의 아버지(출처: http://www.frederick-lawolmsted.com/)

뉴욕 센트럴파크

저널리스트이자 위생국 서기관이었던 프레드릭 로 옴스테드Frederick Law Olmsted는 1850년대 미국의 열악한 도시 환경을 개선함으로써 사회를 변화시키고 민주주의를 실현하고자 센트럴파크를 계획하였다. 센트럴파크는 상업화와 공업화에 따른 도시의 열악한 인공 환경과 대비되는 전원의 이상을 실현하고자 계획되었지만 후일 단순히 자연을 관조하는 것만을 우선시하여 자연 속의 사람들의 삶을 간과하였다는 비평을 받는다. 또한 영국 풍경식 정원처럼 인위적으로 만들어진 자연이라는 비판도 받게 되었다. 오늘날 많은 조경가들이 답습하고 있는 자연의 '형태' 에 대한 오류의 근원이라고 할 수 있다.

이안 맥하그가 저술한 『디자인 위드 네이처』의 표지

반면 이안 맥하그Ian Mcharg는 장식적인 형식미 위주의 조경 디자인 전통에 반하여 자연의 내적 성장과 생태계의 안정성을 존중하였고, 재능과 직관에 의존하던 조경 설계 방식에 과학적이고 분석적인 과정적 시스템을 확립시킴으로써 보다 심도 깊고 체계적인 조경을 추구하였다. 그러나 인간과 불가피하게 상호 관련될 수밖에 없는 자연을 인간의 손길이 닿지 않는 원생의 자연으로 신비화함으로써 인간-자연 이원론을 탈피하지 못했다는 비판을 받기도 하였다.

한편 조지 하그리브스George Hargreaves는 인간과 자연을 연결하고, 자연 현상을 깊이 있게 관찰하며 문화에 대한 인문학적인 탐구를 통해 장소의 역사와 특성을 존중하고 자연과 문화의 진정한 의미를 표현하고자 노력하였다. 더 나아가 렘 콜하스/OMA가 설계한 라 빌레트 파크는 2등작에 그치긴 했으나 자연에 대한 새로운 해석과 해결점을 분명히 보여주고 있다. 렘 콜하스는 작품에서 관례화된 회화적 양식에 도전하고 인공-자연, 건축-조경의 이분법을 해소하려는 시도를 통해 자연을 인공이나 문화의 반대극단에 위치시키지 않고 문화와 역동적으로 만나는 삶의 현장으로 끌어들이려 하였다.

이제 우리는 지금껏 관성적으로 대해오던 자연에 대한 태도를 돌이켜보고, 새로운 자연관을 정립해야 한다. 순수한 자연이 갖고 있는 생태적 안정성과 내면의 작동성을 도외시한 채 자연이 보여주는 외양의 형태만을 모방하여 구불구불하게 흐트러진 숲의 외곽선을 예쁘게 그려 놓고 자연이라고 포장하면서 오직

조지 하그리브스가 설계한 빅스비 파크(ⓒ배정한)

마곡워터프런트 현상설계안(ⓒ그룹한)

조경가만이 자연을 디자인할 수 있다는 착각에서 탈출해야 한다. 자연의 겉모습에만 주목했던 과거를 반성하고, 우리의 삶과 일상에서 동떨어진 정태적인 자연이 아니라 역동적인 자연, 문화적인 자연을 구축해야 한다. 하그리브스와 필자가 공동 설계한 마곡워터프런트 현상설계 작품에서 엿볼 수 있는 자연의 모습은 우리가 흔히 비주얼하게 보여주었던 자연과는 판이하게 다른 모습을 그리고 있다. 경계가 구불구불하고 구성이 정돈되어 있지 않은 자유로운 형태의 자연이 아니라 간결하게 디자인된 원형의 외곽선, 표면을 이루는 다양한 매질의 변화를 통해 겉모습의 모방이 아니라 스스로 작동하고 문화와 연속적으로 반응하며 진화할 수 있는 일상 속의 자연을 추구하고자 하였다.

02: 조경은 과연 과학인가? 예술인가?

두 번째 주제는 "조경은 과학인가? 예술인가?"에 대한 이야기이다. 우리가 대학에 첫발을 내디뎠을 때 선배들로부터 들은 조경의 정체는 '종합과학예술'이었다. 좋게 해석하면 과학적 기술로 무장하고 예술적 감성까지 보유한 천하무적의 종합적인 학문인 것이다. 하지만 졸업 후 실무에 첫발을 내딛는 순간 대다수 순진한 조경인들은 곧 정체성의 혼란을 경험하게 된다. 건축 구조나 토목, 기계, 그리고 전기 분야처럼 공학적인 엔지니어 분야와 함께 프로젝트를 진행하다 보면 우리가 과학이라고 주장하는 조경 분야의 이론적 깊이가 얼마나 부실한지 금방 깨

닫게 된다. 그들이 내세우는 수학공식처럼 딱딱 답이 나오는 이론 앞에서 조경은 언제나 약자인 것이다. 또한 멋있는 디자인으로 예술적 감각을 뽐낼라 치면 발주처 높으신 분들의 고매한 안목과 우리들의 빈약한 설득력으로 금세 도루묵이 되기 십상이었다. 과연 우리는 태평양 이쪽에서 저쪽만큼이나 멀기만 한 것 같은 '과학과 예술' 어느 쪽에 줄을 서야할 것인가? 조경 디자이너라면 한번쯤 고민했을 것이다.

자연의 겉모습만을 모방했던 픽처레스크picturesque 스타일의 조경 설계를 비판하며 등장한 이안 맥하그는 그가 고안한 생태적 계획 설계를 무기로 합리적이고 분석적이며 객관적이고 과학적인 계획만이 조경의 허약한 이론 체계와 실천 기반을 살찌워주고 조경의 정체성을 보장해준다고 주장하였다. 그는 기상, 지질, 수문, 수질, 토양, 식생, 동물 등의 요소를 부문별로 조사, 분석하여 도면을 중첩시켜 종합적인 매트릭스matrix를 만드는 방법으로 과학적 조경의 가능성을 보여주었으며, 장식적인 형식미 위주의 당시 조경 설계의 전통에 반기를 들었다. 하지만 그는 이러한 분석 과정에 인간과 문화를 배제시킴으로써 또 다른 환

피터 워커가 설계한 소니센터 플라자

경 결정론이라는 비판을 받기도 하였다.

　반면 피터 워커Peter Walker는 생태학적 접근은 디자인이 아니라고 주장하며 감성적이고 직관적이며 신비로운 예술 지향적 조경의 중요성을 강조하기도 하였다. 또한 마샤 슈왈츠Martha Schwartz처럼 예술 시향적 조경을 추구하는 작가들은 여전히 그 위력을 떨치고 있다.

　실제 필자가 수행했던 연신내 물빛공원이나 김포 신도시 주거단지설계와 같은 프로젝트들은 과학적 이론으로 무장하기보다 예술적 감각을 발휘하여 완성된 작품들로 전문가들로부터 좋은 평가를 받기도 하였고 대중들의 호응도 뜨거웠다. 과학이 우선이냐 예술이 우선이냐 하는 논쟁은 여전히 진행 중이어서 그 정답을 우리 세대에서 찾기는 어려울 것이다. 하지만 결론을 말하자면 조경의

연신내 물빛공원(ⓒ그룹한)

김포신도시 아파트(ⓒ그룹한)

제임스 코너가 설계한 프레시 킬스(출처: www.fieldoperations.net)

정체성은 과학과 예술의 통합에서 그 길을 찾아야 할 것이다. 자연의 생태계와 인간의 삶을 통합적인 안목에서 봐야하며 이 두 가지 주제를 모두 깊이 있게 이해하고 어느 하나 소외되지 않도록 충분히 배려해야 한다. 제임스 코너^{James} ^{Corner}가 말한 생태-상상적^{eco-imaginative} 조경에서 이 논쟁의 실마리를 찾을 수 있다. 그는 진정한 생태적 조경 설계는 자연의 생태적 과정에 조경의 상상력 및 의미를 결합시킬 수 있어야 한다고 주장하였다.

03: 채움의 디자인을 할 것인가? 비움의 디자인을 할 것인가?

세 번째 주제는 "채움의 디자인을 할 것인가? 비움의 디자인을 할 것인가?"에 대한 디자이너로서의 어려움을 이야기하고 싶다. 많은 조경 설계가들은 여전히 주어진 공간을 무엇인가로 가득 채워야 직성이 풀리고 '뭔가 했구나' 하는 자기만족을 느끼곤 한다. 하지만 실제 만들어진 공간에 가보면 이렇게 채워진 공간들이 디자인 의도를 제대로 수용하지 못하고 있을 뿐만 아니라, 오히려 이용자들을 불편하게 하거나 예산만 낭비하는 결과를 낳기도 한다. 어느 유명 디자이너는 "좋은 디자인이란 뭔가를 채우려고 그리는 것이 아니라 불필요한 요소들을 과감히 지워나가는 과정"이라고 하였다. 무언가로 가득찬 그릇은 더 이상 담을 공간이 부족하고 매력이 없으며 오히려 비워져 있는 그릇이 훨씬 쓰임새가 좋은 법이다. 우리 선조들의 전통 한옥 마당에서 이 '비움의 미학'을 배울 수 있다.

한옥 마당은 서구의 정원과 달리 대부분 단순한 형태로 텅 비어있을 뿐만 아니라 이렇다 할 장식적인 요소도 별로 없다. 하지만 평소에는 비워져 있다가도 각종 집안 행사나 농번기에는 그 쓰임새가 아주 다양하게 변한다. 혼례를 치르는 예식장도 되었다가 회갑 잔치를 벌이는 잔치 마당이 되기도 하고 고추나 콩을 말리는 실용적 장소로 쓰이기도 한다. 늦가을 벼를 타작하는 곳 역시 이 마당이다. 아마 한옥 마당만큼 그 쓰임새가 다양하고 정감 있는 곳도 드물 것이다. 일본이나 서양의 정원처럼 장식적인 요소들로 가득 채워지지 않고 비움을 통해 실

한옥의 마당(ⓒ조영철)

용의 미를 찾은 우리 선조들의 지혜인 것이다.

　네덜란드의 유명한 조경가 아드리안 구즈Adriaan Geuze가 설계한 쇼우부르흐 광장Schouwburg plein에서 비우는 디자인의 모범 사례를 발견할 수 있다. 쇼우부르흐 광장은 로테르담 중앙역에서 남동쪽으로 약 500m 정도의 거리에 위치하고 있는데, 광장 주변으로 극장인 파스 시네마Pathe Cinema와 둘렌 콘서트홀Doelen Concert Hall을 비롯해서 다양한 카페와 레스토랑들로 둘러싸여진 곳이다. 이 광장은 50×140m 규모로 직사각형 형태의 빈 공간으로 조성되었으며 바닥 포장재로는 목재 데크, 철재 타공판, 고무, 에폭시 등의 인공적인 재료들이 사용되었다. 잔디나 녹지 등 우리가 생각하는 조경적인 처리와는 사뭇 다른 디자인으로 설계되었으며, 길 건너편에 있는 가로수를 제외하고는 풀 한 포기 볼 수 없는 매우 건조한 모습을 하고 있다. 아드리안 구즈는 공간에 대한 여러 스케일의 실험을 통해 새로운 규격을 만들어 내었고, 공간에 대한 비전은 시간을 통한 아름다움의 축적으로 다져지는 과정이 될 수 있음을 이 프로젝트를 통해 보여주었다. 디자인과 공공 공간과 관련된 다양한 분야를 다루고 있는 그의 작업은 회화적인 아방가르드식 표현 방식을 빌어 예술과 정원의 전통, 도시의 역사에 뿌리를 두고 있는 새로운 문화적 공간을 만들어 내고 있다. 그는 현대의 도시화가 자기 과시적이고 탐구적이며 개인적이라는 사실을 잘 알고 있고, 전문적인 기술력을 갖추고 이러한 환경적 요구에 부응하는 조정자가 되고자 하였다. 그가 설계한 쇼우부르흐 광장에서는 채우지 않고 비우는 전략을 통해 좀 더 광장 본연의 모습을 보여 주었다고 할 수 있다. 즉 지역 주민들을 위한 휴게 및 여가를 위한 공간, 사람들이 쉽게 접근할 수 있고 다양한 행위들이 뒤얽혀 공존할 수 있는 진정한 의미의 광장을 디자인한 것이다. 전경버스로 막힌 우리의 시청 앞 서울광장이나, 함부로 들어 갈 수 없게 예쁜 꽃으로 장식된 광화문 광장을 보며 다시 한번 '비움'의 의미를 생각해 본다.

04: 한국적 조경은 무엇이며, 동시대 조경사에서의 위치는 어디인가?

마지막 주제는 "한국적 조경은 무엇이며 동시대 조경사에서의 위치는 어디인가?"에 대한 글이다. 이 주제는 많은 한국 조경가들이 늘 멍에처럼 무겁게 짊어

아드리안 구즈가 설계한 쇼우부르흐 광장

지고 있으면서도 그 해답을 찾기가 여간 어려운 문제가 아니다. 하지만 분명한 것은 세계 무대에서 경쟁하기 위해서는 분명 우리의 정체성을 확실히 해야 하고 그것을 바탕으로 우리만의 독창적인 디자인 능력을 갖추어야 한다는 점이다. 외국의 근사한 작품들을 모양만 흉내 내고 또 우리의 정서와는 다른 그들의 설계 개념들을 별다른 비평도 없이 도입한다면 결코 경쟁력 있는 디자이너가 될 수 없을 것이다. 하지만 우리만의 독창적인 한국적 조경이라는 것이 얼마나 어렵고 또 자칫 어수룩하게 흉내내었다가는 수많은 비판에 직면하게 되고 조롱거리로 전락되기 십상이라는 것을 잘 알 것이다. 그러나 그것이 두려워서 우리가 우리의 것을 찾는 노력을 게을리 하거나 쉽게 포기한다면 영원히 우리의 조경은 우물 안 개구리 신세가 될 것이다.

과장되고 때때로 자연을 왜곡하면서 대자연의 장대함을 재현함으로써 보는 이로 하여금 시각적 포만감을 느끼게 만드는 중국의 조경과, 너무도 감상적이고 판에 박은 듯한 모습을 하거나 지나치게 인공적이고 추상적인 표현으로 인해 오히려 반자연적인 일본의 조경과는 달리 한국의 조경은 있는 그대로의 자연이 곧 정원이며, 인위적 자연의 모방이나 인공을 배제하고 인간과 자연의 합일을 추구

동양 3국의 정원(왼쪽부터 중국 전통정원(ⓒ주신하), 일본 전통정원(ⓒ조우현), 한국 전통정원(ⓒ주신하))

수지 LG빌리지(ⓒ그룹한)   소쇄원 오곡문과   양주 자이아파트의 실개천
                        신도림아파트의 문주(ⓒ그룹한)   (ⓒ그룹한)

하였다. 따라서 한국 전통조경은 원래 그 태생부터 지극히 생태적이라는 장점을 가진 반면 형이상학적이고 비가시적이어서 현대 조경에서 구현이 어렵다는 단점을 가진다.

그동안 동시대 조경에서 전통적 조경을 구현하는 방법으로는 경복궁 후원의 꽃담이나 안압지 연못의 모양 등을 그대로 재현하는 형태적 모방이 주류를 이루었고, 소쇄원이나 부용정의 전통자연관에 의한 조영 기법을 설계에 일부 도입하는 수준에 그친 경우가 많다. 혹은 실개천과 비보숲 등 풍수사상에 의한 산수기법의 활용처럼 전통 공간의 재해석을 바탕으로 한 설계가 시도되었지만 진정한 의미의 전통의 계승은 아직 완성되었다고 볼 수 없다.

최근 세계적으로 활발히 활동하고 있는 중국의 투렌스케이프Turenscape의 공지안 교수는 서구적 스타일이 아닌 중국의 고유한 전통과 문화를 살린 독창적인 조경 작품들을 많이 선보이고 있다. 선양건축대학교 캠퍼스 조경에서는 새로운 농업 경관을 캠퍼스에 도입하여 생산적이고 생태적으로 변화하는 신경관을 창조하였고, 허베이성 탕해강 개발 프로젝트를 통해 주변 영향을 최소화하면서 지역 주민들에게 다양한 레크리에이션을 제공하고 레드 리본이라는 독특한 조경 시설물을 통해 중국 전통 디자인을 현대적으로 훌륭히 재현해 내기도 하였다. 필자는 최근 조경이나 건축 분야에서가 아니라 과거 조선시대에 중국 화풍에서 탈피하여 독창적인 한국적 화법을 창조해냈던 진경산수의 대가 겸재 정선의 그림에서 한국적 조경의 가능성을 탐색할 수 있었다.

그가 그린 "인왕제색도"를 보면 흰 바위를 검게 표현하여 큰 바위가 가지는

Shenyang Architectural University Campus Landscape Design

he Red Ribbon——Tanghe River Park

Project Location: Qinhuangdao City, Hebei Province, China
Project Size: 20ha
Date of Design: October ,2005-2008
Date of Complete: 2008

The Red Ribbon——Tanghe River Park

투렌스케이프의 중국 전통을 살린 디자인(출처: http://www.turenscape.com/home.php)

강렬한 힘을 반사적으로 표출해냄으로써 우리 산세가 가지는 기상을 표현하였
는데 이는 눈에 보이는 형태나 색을 초월해 대상의 본질을 추구하는 진경의 참
모습을 보여준 것이다. 산수라든지 자연물도 다 생명이 있다고 믿었기 때문에
자연물을 표현할 때도 정신을 표현해야 하며 외형을 넘어서는 '내적 정신을 표
현해야 한다' 는 성리학의 학풍을 계승한 것이었다. 그가 말년에 그린 "금강산
내산전도"는 실재 금강산 보다 더 금강산 같아 보이며, 한눈에 보이지 않는 금강
산의 진정한 아름다움을 한 폭의 그림 속에 생생히 되살림으로써 대상이 가지는
영혼을 불러내는 진경산수의 정수이다. 필자는 감히 겸재 정선이 추구했던 '외
형을 넘어서는 내적 정신을 표현할 줄 아는' 것이야 말로 우리 한국의 조경가들
이 되새겨야 할 훌륭한 디자인 철학이 아닐까 생각한다.

겸재 정선의 진경산수화("인왕제색도"와 "금강산 내산전도")

　　지금까지 동시대 조경 설계의 쟁점을 둘러싼 네 가지 시선에 대해 나름대로 의 생각을 정리해 보았다. "조경은 자연의 편인가 자연에 대치하는가?"에서는 옴스테드와 이안 맥하그 시대의 자연관의 변화를 살펴보고, 하그리브스와 제임 스 코너의 조경에 대한 새로운 자연관을 통해 자연과 인간에 대한 오랜 논쟁을 되짚어 보면서 우리가 이전까지 간과했던 겉모습의 자연에 대한 관념을 자각 하고 반성하여, 우리가 추구해야 할 일상속의 자연에 대해 생각해 보았다. 두 번 째 주제인 "조경은 과학인가 예술인가?"에 대한 질문을 통해 맥하그의 생태적 계획 설계와 피터 워커의 예술 지향적 조경을 대비해 보고, 진정한 조경의 정체 성이 무엇인지를 생각해 보았다. 세 번째로 "채움의 디자인과 비움의 디자인"에 대해서는 로테르담 쇼우부르흐 광장과 서울의 광장 사례를 통해 이용자들에게 진정으로 유효한 설계가 무엇인지 생각해 보았다. 끝으로 "한국적 조경은 무엇 이며 동시대 조경사에서의 위치는 어디인가?"라는 질문에 대한 해답으로 독창 적 자연관을 창조한 겸재 정선의 그림을 통해 동시대 조경에서의 전통적 조경 구현 방법을 모색해 보았다. 이 글이 오늘도 불철주야 노력하고 있는 동시대 젊 은 조경인들에게 미력이나마 작은 도움이라도 줄 수 있기를 바란다.

옛날 신문으로
보는 조경

권니아 _ NIA 건축

"시대적 흐름에 발맞추어 끊임없이 변화하고
더 나아가 바람직한 방향으로 변화를 선도하는 조경,
이것이 무상無常조경의 지향점이라 할 수 있다."
— 임승빈, "무상(無常)조경", 월간 『환경과 조경』 2007년 9월호.

1990년대 초반 내가 조경학과에 입학한 이후, 아버지는 종종 짓궂게 농을 거시곤 하셨다. 수도권 외곽 지역에서 'ㅇㅇ조경'이라는 간판만 보시면, "우리 딸 나중에 저기 취직하면 되겠네"라는 말씀을 하시곤 했다. 그러면 나는 아버지에게 "아빠는 조경이 뭔지도 모르면서…… 조경은 그런 거 아니에요"라고 짜증을 내던 기억이 생생하다. 조경에 대해 잘 모르시던 아버지와 막연히 조경은 멋지고 근사한 거라 생각하던 철부지 20대 여대생이었던 나의 신경질적인 반응을 떠올리면 웃음이 절로 난다. 20여 년이 지난 지금의 나는 'ㅇㅇ조경'에 입사하지는 못했지만, 조경 분야와 관련을 맺고 살고 있다. 하나의 에피소드이지만 많은 사람이 조경에 대해 어떻게 생각하고 있는가를 짐작하게 하는 이야기다. 우리 아버지와 같은 일반인들은 조경에 대한 정보를 어떻게 얻게 되는 것일까? 아마 직접 겪으면서 알아가는 사람들도 있겠지만, 많은 사람들이 대중매체를 통해 얻게 될 것이란 생각이 든다.

동시대를 살아가는 사람들의 생각이 반영되고, 새로운 지식이 퍼져나가는 중심에는 대중매체가 있다. 신문, 텔레비전은 대표적인 대중매체이며, 신문은 역사성이나 기록성이라는 측면에서 텔레비전을 압도하고 있다. 국내 대표 포털 사이트인 네이버에서는 국내 신문 중 경향신문, 동아일보, 매일경제의 뉴스를 바탕으로 1920년도부터 1999년도까지의 뉴스 라이브러리를 구축하였다. 네이버 뉴스 라이브러리의 키워드 검색에서 '조경'으로 검색한 결과를 바탕으로 신문에 나타난 조경의 모습과 시대별 조경의 변화상을 살펴보려 한다. 당시 사람들이 조경에 대해 갖고 있던 생각과 시대적 변화에 따른 조경의 변모 양상을 확인해볼 수 있을 것이다. 이는 신문에 비춰진 조경의 변화상을 엿볼 수 있는 흥미로운 기회가 될 것이다.

1960년대: 조경의 등장

1920년대부터 1960년대 초반까지는 신문에서 조경造景이라는 단어를 찾을 수 없었다. 조경이 처음 등장한 것은 1960년대 중반인 1965년 9월 11일자 경향신문[1]과 9월 17일자 동아일보[2]다. 그 첫 등장은 『원예와 조경』이라는 잡지 광고를

1965년 경향신문과 동아일보에 실린 『원예와 조경』 잡지 광고

1967년 6월 6일자 매일경제에 수록된 정원 설계 회사 광고

통해서이다. 잡지 제호에서 알 수 있듯이 원예가 주主를 이루고 조경이 부副를 이루는 형식이다. 조경 파트에 실려있는 코너들을 보면, 나의 체험기라는 코너에 "조경의 의의", "취미가를 위한 조원지식", "우리 집의 정원 설계"라는 내용을 담고 있다. 또한 1967년 6월 6일자 매일경제[3]에는 정원 설계 회사의 광고를 통해 조경이 언급되고 있다. 정원에 대한 묘사에 있어 "문화인의 꿈과 낭만을 아로새겨 주는"이라는 설명을 덧붙이고 있다. 신문에 처음 등장한 조경은 정원과 관련된 내용이며, 시대적 배경을 고려해 보았을 때 일정 경제 수준 이상의 수요자들을 대상으로 하고 있음을 알 수 있다.

1960년대 후반에 이르러 신문에 나타난 조경은 1960년대 중반과는 다른 모습을 보이고 있다. 1969년 3월 12일자 동아일보[4]에는 서울시의 1969년도 관광지 종합개발에 관한 취재 기사가 실렸다. 기사에 따르면 서울시가 "조경연구소(대표 장문기)"에 관광지 종합개발계획을 의뢰하였음을 알 수 있다. 조경이 정원에 국한되지 않고 관광지 개발의 주체로 역할을 하고 있음을 알 수 있다. 이후 신문 기사에 대한 검색 결과를 살펴보면, 문화재 주변 조경에 대한 언급이 주를 이루고 있다. 1970년 3월 17일자 동아일보[5]에 따르면 "민족의 5대 유산 복원작업"이라는 제목 하에 불국사, 화엄사, 도산서원, 행주산성, 진주성에 대한 복원작업을 시행하고 있음을 알 수 있다. 이러한 복원 작업 속에 조경에 관한 내용이 담겨 있었다. 복원 작업과 같이 언급되는 조경공사는 주로 수목식재공사에 국한되어 있었다. 특이한 점이라고 한다면, 1969년 6월 18일자 경향신문[6]에는 불국사 재건에 대한 내용을 소개하면서 "주위 환경造景"이라고 표기하면서 '주위 환경'을 '조경造景'이라는 용어로 사용하고 있다. 조경이 국내에 소개된 지 얼마 되지 않은 시점에서 조경의 의미를 폭넓게 사용한 사례가 있었음을 알 수 있다.

1970년대: 조경의 태동

1970년대는 국내 조경이 자리 잡기 시작한 시기라 할 수 있다. 1970년대 신문에 나타난 조경과 관련된 내용은 크게 두 가지로 구분할 수 있다. 하나는 고속도로 건설에 따른 고속도로 주변 조경에 대한 내용이고, 다른 하나는 1960년대부터 시작된 경제개발 5개년 계획에 맞춰 증가하고 있던 산업단지의 조경에 대한 내용이다. 1960년대 후반 경인고속도로를 시작으로 하여 경부고속도로와 영동고속도로, 호남고속도로, 남해고속도로 등이 1970년대 초반에 완공됨에 따라 그 어느 때보다 고속도로변 조경에 관한 기사 내용을 많이 찾을 수 있다. 1971년 11월 26일자 동아일보[7]에는 영동선의 1차 구간 개통에 관한 기사가 실려 있는데, 이 기사에 따르면 미국에 있던 조경전문가 오휘영 씨를 초빙, 계획 노선을 답사시켜 자문을 구했다는 사실을 알 수 있다. 또한 기사에서 조경을 "造景"이 아닌 "眺景"으로 표기하여 시각적으로 강조되는 조경을 구분하고 있었다. 1972년 6월 16일자 동아일보[8]에는 시도 건설국장 회의에서 조경眺景 도로의 유지관리를 철저히 해야 한다는 기사가 실렸다. 이를 통해 그 당시 조경을 조경造景과 조경眺景으로 구분해 사용하고 있음을 알 수 있다. 그러나 조경造景과 조경眺景에 대한 정확한 구분 기준이 있었던 것은 아니었다. 고속도로 조경과 관련된 기사

호남·남해고속도로 조경과 관련된 박정희 대통령의 지시사항을 소개하고 있는 1973년 11월 15일자 동아일보 기사

에서 조경眺景으로 표현되고 있기 때문에 시각적으로 보여주기 위한 조경에 대해서 眺景으로 표현한 것이 아닐까 정도의 추측만이 가능하다.

당시 최고 권력자인 박정희 대통령의 외부 시찰과 관련된 기사에는 반드시 조경에 대한 언급이 빠지지 않고 있음을 알 수 있다. 예를 들어 1973년 11월 15일자 동아일보[9]의 기사에서는 "도로변의 조경에 있어 미진한 곳은 도로공사로 하여금 그 지방에 알맞은 수종을 골라 심도록 하라"는 박대통령의 지시사항을 소개하고 있다. 1973년 7월 24일자 경향신문[10]의 "여적"이란 가십란에는 "하루에도 수만 명이 고속으로 수송되는 큰길인 만큼 도공의 할 일은 조경으로 높은 양반들의 비위만 맞출 것이 아니라 하나부터 열까지 안전시설에 신경을 쏟아야 하겠다"라는 내용을 볼 수 있다. 이를 통해 당시 최고 권력자인 박정희 대통령의 조경에 대한 애정으로 인해 사회적인 논란이 야기될 정도임을 알 수 있다. 1977년 4월 19일자 경향신문[11]의 기사는 매우 흥미롭다. "구자춘 서울시장은 18일 열린 간부회의에서 색다른 조경 사업론을 펴 참석한 직원들을 어리둥절케 했다고. '조경 사업하면 으레 나무나 심는 것으로 잘못 인식하고 있는 사람이 많다'고 서두를 꺼낸 구시장은 '조경 사업이란 나무를 심는 것은 물론, 건축의 미관, 차량의 도색, 물이 흐를 곳에 물이 흐르게 하는 것, 운전사들의 복장과 몸가짐 등 가시적인 모든 상황과 함께 시민들의 예의범절 태도, 정신력 등까지도 모두 도시의 조경 사업에 포함되는 것'이라고 역설했다는 것"이란 기사가 실렸다. 또 다른 예로 조경전문가로 미국에서 초빙되었던 오휘영 씨는 지금 생각하기에는 아주 낯선 단어인 조경담당 비서관이라는 호칭으로 청와대에서 박정희 대통령을 보좌하였다. 논란의 여지가 어찌 되었든 간에 박정희 대통령의 조경에 대한 지대한 관심이 당시 국내 조경에 얼마나 큰 영향을 미치고 있는가를 알 수 있다. 그 결과 국내에서도 드디어 조경학이 학문으로 태동하게 된다. 서울대 환경대학원 조경학과와 서울대학교 농과대학 조경학과, 영남대학교 조경학과의 설치가 결정되고(동아일보 1972년 10월 17일자,[12] 12월 9일자,[13] 12월 22일자[14]), 이후 한국조경학회가 창립된다(경향신문 1972년 12월 29일자[15]).

1970년대 조경의 또 다른 중요 분야는 산업단지에 대한 조경이다. 공장 조경이 의무화되면서 지역별 산업단지에서 조경우수업체를 시상하는 프로그램이 매년 실시될 정도로 관심도가 높았다. 1975년 7월 8일자 매일경제[16]에 따르면 공업단지관리청은 각 공단 내의 입주기업체들의 환경 개선을 촉진하기 위한 목적으로 조경우수업체를 시상한다고 밝히고 있다. 이외에 1970년대 조경의 또 다른 특징으로는 전략적인 관광단지 조성과 성역화를 위한 정화작업을 위해 조경 사업을 많이 실시하였다는 점을 꼽을 수 있다.

1980년대: 조경의 성장

1980년대 신문에서 찾아볼 수 있는 조경 관련 기사들은 국내에서 개최되는 국제대회와 관련된 내용을 다수 담고 있었다. 86아시안게임과 88올림픽에 맞춰 기반도로와 경기장 주변의 조경에 대한 내용이 많은 부분을 차지하고 있다. 이는 외국인 손님을 맞기 위한 수도 서울의 녹화 사업으로 이어졌다. 1981년 11월 19일자 경향신문[17]에 따르면 서울시에서는 도시를 푸르게 가꾸기 위해 자투리 땅, 기준미달 대지 등에 대지면적의 2/3에 조경을 하면 건축을 허용하는 방안 등을 내세워 녹화작업을 수행하였다. 1982년 1월 4일자 매일경제[18]에 따르면 올림픽을 앞두고 도시 경관에 대한 관심이 고조되면서 조경, 광고물 정비도 사전 심의하고 있음을 알 수 있다.

1980년대 서울은 폭발적인 성장과 함께 여러 국제행사를 대비한 구도심의 정비가 필요하였다. 구도심의 재개발로 고층빌딩이 들어서면서 빌딩 주변 조경에 대한 관심이 늘었다. 1987년 1월 16일자 매일경제[19]에 따르면 대형건물의 조경 기준이 대폭 강화되어 면적 위주의 조경기준과 함께 건축 공사비 0.5% 이

서울 강남구일대에 번창하고 있는 매머드갈비집. 울창한 수목속에 정자와 주차장을 갖추고 물레방아등 각가지 민속품까지 설치하는등 호화판 시설로 손님을 끌고있다.

1982년도에는 서울 강남의 호화 갈비타운이 신문에 보도되기도 했다.

상에 대한 조경공사비 확보가 의무화되었다. 이에 따라 서울시 도심 재개발 빌딩 주변은 소공원 형태로 조성되고, 간선도로변에는 유실수를 심고, 벤치 설치를 의무화하고 화단 높이도 낮추는 등 대형건물의 조경 기준이 대폭 강화되었다. 올림픽을 앞두고 올림픽공원과 같은 대단위 공원이 조성되어 시민들이 이용할 수 있는 공원이 늘어나고 도심부 대규모 빌딩군의 조경 사업이 강화된 것은 1970년대와 구분되는 1980년대 조경의 새로운 모습이라 할 수 있겠다.

1980년대 신문기사 중 흥미로운 점 하나는, 흔히 말하는 '가든 조경(?)'이 이때 시작되었다는 점이다. 1982년 7월 3일자 매일경제[20]와 11월 9일자 경향신문[21]에서 서울 강남의 호화갈비타운에 대해 상세히 소개하고 있다. 신문에 소개된 내용을 그대로 옮겨 보면 다음과 같다. "1천 평이 훨씬 넘는 대지에 각종 다양한 관상수들을 심어놓고 인공폭포, 구름다리, 분수, 정자 등을 만들어 집 전체를 숲속의 공원처럼 꾸며놓아 손님들이 식도락을 즐기면서 눈요기도 할 수 있도록 되어있다. …중략… 투입된 시설자금은 수십억 원을 훨씬 넘으며 조경비만도 6억 원이 들었다." 강남의 개발과 함께 넓은 필지에 큰 규모의 식당과 정원을 함께 확보하여 입과 눈을 동시에 즐겁게 할 수 있는 식당들이 들어섰다. 지금도 이런 식당들을 쉽게 볼 수 있는데, 사람들은 이러한 양식의 조경을 '가든 조경'(절대 정원 계획과 혼돈해서는 안된다), 혹은 '갈빗집 조경'이라고도 한다. '가든 조경'을 통해 많은 사람들이 조경에 대한 간접 경험의 기회를 가졌다는 점에서는 조경의 대중화에 (긍정적이든 부정적이든) 영향을 미쳤다고 할 수 있겠다.

1990년대: 조경의 대중화

1990년대로 들어서면 개인 생활과 관련된 조경에 대한 기사가 늘어난다. 특히 주거와 관련한 조경 사업이 눈에 띄게 늘었음을 알 수 있다. 1990년대 중반 이후의 아파트 조경에 대한 관심은 가히 폭발적이라 할 수 있다. 정부는 주거문제 안정을 위해 1990년대 초반 5대 신도시를 계획하게 된다. 이에 따라 일시에 많은 주택이 공급되면서 부동산 시장이 안정을 맞이하게 된다. 과거 아파트는 지어만 놓으면 팔리는 상품이었으나 신도시 등장 이후로 주거시장이 안정됨에 따라 과거와 같은 판매 전략으로는 원활한 상품 판매를 기대할 수 없게 된다. 이에 따라 건설업체는 내부 평면의 연구개발과 함께 외부공간으로 눈을 돌리게 된다. 1990년대 중반부터 아파트 외부 조경은 눈부신 발전을 거듭하게 된다. 1992년 2월 7일자 매일경제[22]의 아파트 관련 기사 타이틀은 "아파트에 자연을 심는다" 이다. 아파트단지를 쾌적하게 가꾸고 싶어 하는 입주자들의 바람과 건설사의 이

"아파트에 자연을 심는다" 라는 타이틀로 소개된 아파트 조경 관련 기사

미지 높이기 전략이 맞물려 아파트 외부 환경이 달라지고 있다고 평가하고 있다. 1995년 4월 5일자 매일경제[23]는 주택업체 간에 아파트 환경차별화 붐이 조성되고 있으며 대표적으로 단지별로 조경을 특화하는 방식을 취하고 있다고 전하고 있다. 이는 신도시 건설 이후 아파트 미분양 등이 늘면서 아파트 조경으로 미분양을 타개해 보려는 움직임이 늘어나고 있기 때문이라고 분석하였다. 또한 1995년 5월 15일자 매일경제에 따르면 아파트에서 바라보이는 경관에 따라 아파트 가격에 차등이 나타나고 있다고 하였다. 보여주기 위한 조경에 대한 가치가 일반인들에게 경제적인 가치로 환산되어 평가받고 있음을 알 수 있다. 경관에 대한 관심은 아파트 색채라든가, 남산 제모습찾기에 따른 남산외인아파트 철거 등에서도 찾아 볼 수 있다. 1999년 10월 12일자 매일경제[24]에 따르면 이러한 사회적 변화를 반영하여 건설교통부에서는 "도시미관 개선방안"에서 그동안 도시기본계획에서 소홀히 다루었던 도시경관계획을 별도로 수립하도록 하였다. 또한 사회 전반의 조경에 대한 관심은 1992년 서울시 조경상의 제정으로 이어졌다(1992년 12월 18일자 동아일보). 조경 소재와 자재에 대한 관심이 높아져 향토 식물과 자연친화적 소재의 개발에 대한 관심도 높아짐을 알 수 있다.

시대적 흐름과 조경

신문 기사를 통해 살펴본 조경은 사회 변화와 매우 유기적인 관련성을 가지고 변모해 왔음을 알 수 있다. 신문에 처음 조경이라는 단어가 나타나기 시작한 1960년대는 사회적으로 모두가 먹고 살기 힘든 시기로 경제적으로 안정된 극소수의 한정된 계층에서만 조경에 관심을 가지고 있었음을 알 수 있다. 조경이 본격적으로 자리 잡기 시작한 1970년대는 당시 가장 큰 영향력을 행사하던 박정희 대통령이 그 중심에 있었다. 그런 이유로 대통령이 관심을 갖고 있던 분야에 조경 사업이 집중되었다. 고속도로 건설의 증가와 맞물린 도로변 조경, 무관 출신의 위인을 기리기 위한 성역화 관련 조경 사업이 특히 많았다. 대표적으로 박대통령이 큰 관심을 쏟았던 현충사나 행주산성 등의 성역화 작업 및 복원 사업이 이 시기에 시행되었다. 1970년대 중후반으로 넘어가면서 우리나라 산업의 발전과 더불어, 산업단지에 대한 조경이 폭발적으로 증가하였다. 조경이 잘 된 공장에 대한 시상이 이루어질 정도로 관심이 고조되었으며 많은 사람들이 조경은 공장 주변에 예쁘게 심어진 꽃과 나무를 돌보는 것이라는 인식을 가지게 되었다. 1980년 12월 15일자 경향신문[25]에서 동국대 조경학과 졸업작품전에 참여했던 학생은 "나무를 심고 꽃을 가꾸는 등 간단한 미화작업을 조경 사업이라고 생각하는 것은 잘못" 이라는 내용의 인터뷰를 한다. 이러한 인터뷰를 통해 당시 많은 사람들이 조경을 단순한 나무 심기와 꽃 가꾸기로 생각하고 있음을 알 수 있다. 1980년대는 국가 차원의 국제행사가 조경에 큰 영향을 미쳤던 시기로 서울 구도심의 정비와 함께 대규모 공원이 올림픽과 더불어 조성되었다. 1990년대에 이르러서야 본격적으로 조경이 일반 대중들 옆에 자리를 잡게 되며, 1기 5대 신도시의 중앙공원과 도시주거환경의 대명사인 아파트 외부 조경을 통해 조경의 다양한 측면을 볼 수 있게 된다.

현대적 개념의 조경이 국내에 등장한지 40여년이 넘었다. 과거에 비해 많은 발전이 있었지만 아직까지도 우리 사회에서 조경이 가야할 길은 먼 것처럼 보이기도 한다. 그러나 사회가 복잡하면 복잡할수록, 사람들이 삶의 질을 추구하면 추구할수록 자연스레 조경에 대한 관심은 높아질 것이기에 조경의 미래는 현재보다는 나아질 것이라고 조심스레 예측해 본다. 1977년 당시 서울 시장이던 구자현 시장의 이색 조경 사업론이 더 이상 이색이 아닌 일반적인 것으로 느껴지는 것을 볼 때(물론 아직도 어색한 몇 부분이 있기는 하지만……) 조경은 사회적인 변화에 발맞춰 우리 삶속에 뿌리 깊게 자리 잡아가고 있다.

1 경향신문 1965년 9월 11일자 1면
(http://newslibrary.naver.com/viewer/index.nhn?editNo=2&printCount=1&publishDate=1965-09-
11&officeId=00032&pageNo=1&printNo=6124&publishType=00020&articleId=1965091100329
201001)
2 동아일보 1965년 9월 17일자 4면
(http://newslibrary.naver.com/viewer/index.nhn?editNo=2&printCount=1&publishDate=1965-09-
17&officeId=00020&pageNo=1&printNo=13510&publishType=00020&articleId=196509170020
9201001)
3 매일경제신문 1967년 6월 6일자 6면
(http://newslibrary.naver.com/viewer/index.nhn?articleId=1967060600099206022&editNo=1&printCo
unt=1&publishDate=1967-06-06&officeId=00009&pageNo=6&printNo=373&publishType=00020)
4 동아일보 1969년 3월 12일자 4면
(http://newslibrary.naver.com/viewer/index.nhn?articleId=1969031200209204012&editNo=2
&printCount=1&publishDate=1969-03-12&officeId=00020&pageNo=4&printNo=
14589&publishType=00020)
5 동아일보 1970년 3월 17일자 5면
(http://newslibrary.naver.com/viewer/index.nhn?articleId=1970031700209205001&editNo=2
&printCount=1&publishDate=1970-03-17&officeId=00020&pageNo=5&printNo=14902&
publishType=00020)
6 경향신문 1969년 6월 18일자 5면
(http://newslibrary.naver.com/viewer/index.nhn?articleId=1969061800329204001&editNo=2&printCo
unt=1&publishDate=1969-06-18&officeId=00032&pageNo=4&printNo=7291&publishType=00020)
7 동아일보 1971년 11월 26일자 7면
(http://newslibrary.naver.com/viewer/index.nhn?articleId=1971112600209206003&editNo=2&printCou
nt=1&publishDate=1971-11-26&officeId=00020&pageNo=6&printNo=15429&publishType=00020)
8 동아일보 1972년 6월 16일자 3면
(http://newslibrary.naver.com/viewer/index.nhn?articleId=1972061600209202001&editNo=2&printCou
nt=1&publishDate=1972-06-16&officeId=00020&pageNo=2&printNo=15600&publishType=00020)
9 동아일보 1973년 11월 15일자 1면
(http://newslibrary.naver.com/viewer/index.nhn?articleId=1973111500209201006&editNo=2&printCou
nt=1&publishDate=1973-11-15&officeId=00020&pageNo=1&printNo=16039&publishType=00020)
10 경향신문 1973년 7월 24일자 1면
(http://newslibrary.naver.com/viewer/index.nhn?articleId=1973072400329201023&editNo=2&printCo
unt=1&publishDate=1973-07-24&officeId=00032&pageNo=1&printNo=8560&publishType=00020)
11 경향신문 1977년 4월 19일자 1면
(http://newslibrary.naver.com/viewer/index.nhn?articleId=1977041900329201015&editNo=2&printCo
unt=1&publishDate=1977-04-19&officeId=00032&pageNo=1&printNo=9709&publishType=00020)
12 동아일보 1972년 10월 17일자 7면
(http://newslibrary.naver.com/viewer/index.nhn?articleId=1972101700209207019&editNo=2&printCou
nt=1&publishDate=1972-10-17&officeId=00020&pageNo=7&printNo=15705&publishType=00020)

13 동아일보 1972년 12월 9일자 7면
(http://newslibrary.naver.com/viewer/index.nhn?articleId=1972120900209206001&editNo=2&printCount=1&publishDate=1972-12-09&officeId=00020&pageNo=6&printNo=15751&publishType=00020)
14 동아일보 1972년 12월 22일자 7면
(http://newslibrary.naver.com/viewer/index.nhn?articleId=1972122200209207029&editNo=2&printCount=1&publishDate=1972-12-22&officeId=00020&pageNo=7&printNo=15762&publishType=00020)
15 경향신문 1972년 12월 29일자 7면
(http://newslibrary.naver.com/viewer/index.nhn?articleId=1973072400329201023&editNo=2&printCount=1&publishDate=1973-07-24&officeId=00032&pageNo=1&printNo=8560&publishType=00020)
16 매일경제 1975년 7월 8일자 4면
(http://newslibrary.naver.com/viewer/index.nhn?articleId=1975070800099204009&editNo=1&printCount=1&publishDate=1975-07-08&officeId=00009&pageNo=4&printNo=2877&publishType=00020)
17 경향신문 1981년 11월 19일자 11면
(http://newslibrary.naver.com/viewer/index.nhn?articleId=1981111900329210001&editNo=2&printCount=1&publishDate=1981-11-19&officeId=00032&pageNo=10&printNo=11121&publishType=00020)
18 매일경제 1982년 1월 4일자 11면
(http://newslibrary.naver.com/viewer/index.nhn?articleId=1982010400099210003&editNo=2&printCount=1&publishDate=1982-01-04&officeId=00009&pageNo=10&printNo=4871&publishType=00020)
19 매일경제 1987년 1월 16일자 11면
(http://newslibrary.naver.com/viewer/index.nhn?articleId=1987011600099211001&editNo=2&printCount=1&publishDate=1987-01-16&officeId=00009&pageNo=11&printNo=6422&publishType=00020)
20 매일경제 1982년 7월 3일자 11면
(http://newslibrary.naver.com/viewer/index.nhn?articleId=1982070300329211010&editNo=2&printCount=1&publishDate=1982-07-03&officeId=00032&pageNo=11&printNo=11311&publishType=00020)
21 경향신문 1982년 11월 9일자 7면
(http://newslibrary.naver.com/viewer/index.nhn?articleId=1982110900329206007&editNo=2&printCount=1&publishDate=1982-11-09&officeId=00032&pageNo=6&printNo=11420&publishType=00020)
22 매일경제 1992년 2월 7일자 27면
(http://newslibrary.naver.com/viewer/index.nhn?articleId=1992020700099227001&editNo=1&printCount=1&publishDate=1992-02-07&officeId=00009&pageNo=27&printNo=8023&publishType=00020)
23 매일경제 1995년 4월 5일자 21면
(http://newslibrary.naver.com/viewer/index.nhn?articleId=1995040500099120001&editNo=16&printCount=1&publishDate=1995-04-05&officeId=00009&pageNo=20&printNo=9061&publishType=00010)
24 매일경제 1999년 10월 12일자 29면
(http://newslibrary.naver.com/viewer/index.nhn?articleId=1999101200099129007&editNo=16&printCount=1&publishDate=1999-10-12&officeId=00009&pageNo=29&printNo=10494&publishType=00010)
25 경향신문 1980년 12월 15일자 5면
(http://newslibrary.naver.com/viewer/index.nhn?articleId=1980121500329204009&editNo=2&printCount=1&publishDate=1980-12-15&officeId=00032&pageNo=4&printNo=10835&publishType=00020)

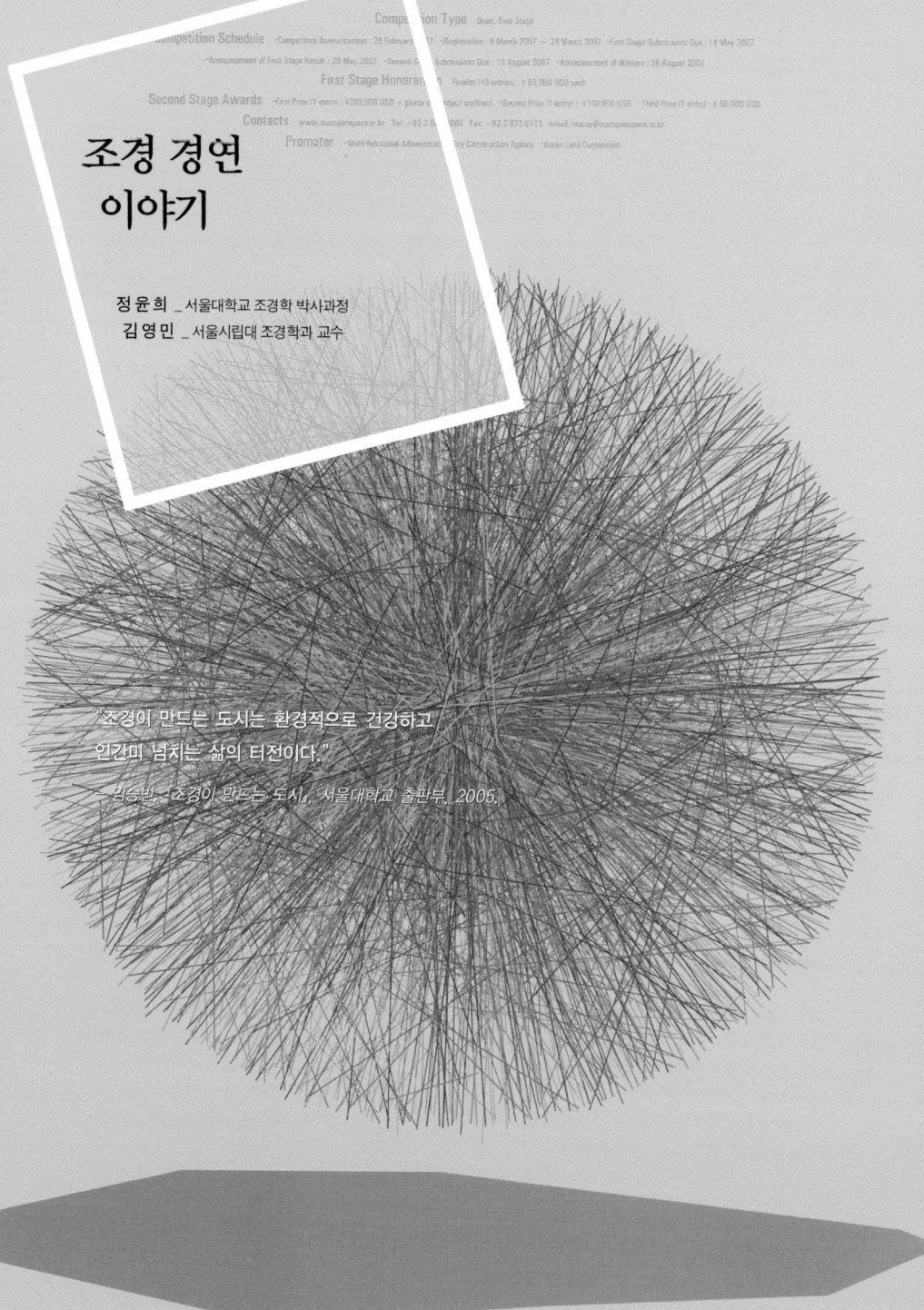

Competition Type : Open, Two Stage

Competition Schedule · Competition Announcement : 28 February 2007 · Registration : 6 March 2007 ~ 24 March 2007 · First Stage Submissions Due : 14 May 2007

· Announcement of First Stage Result : 28 May 2007 · Second Stage Submissions Due : 16 August 2007 · Announcement of Winners : 28 August 2007

First Stage Honorarium · Finalist (10 entries) : $ 50,000 USD each

Second Stage Awards · First Prize (1 entry) : $200,000 USD + phase of project contract · Second Prize (1 entry) : $100,000 USD · Third Prize (1 entry) : $ 50,000 USD

Contacts · www.macopenspace.or.kr · Tel : +82-2-000-0000 · Fax : +82-2-000-0000 · e-mail : macop@macopenspace.or.kr

Promoter · Multi-functional Administrative City Construction Agency · Korea Land Corporation

조경 경연
이야기

정 윤 희 _ 서울대학교 조경학 박사과정
김 영 민 _ 서울시립대 조경학과 교수

"조경이 만드는 도시는 환경적으로 건강하고
인간미 넘치는 삶의 터전이다."

- 임승빈, 조경이 만드는 도시, 서울대학교 출판부, 2005.

행정중심복합도시 국제 설계공모 운영하기[1]

조경을 공부하고 있거나, 이 분야에서 일하는 사람이라면 누구나 한 번쯤은 오랜 시간 공들여 만든 작품을 공모전에 출품해 놓고, 그 결과를 맘 졸이며 기다려 본 경험이 있을 것이다. 내가 보낸 작품이 잘 도착했을까? 행여 중간에 분실되거나 파손되어 도착하지 못한 것은 아닐까? 심사 과정 중에 다른 작품 사이에 끼어서 혹은 구석에 있어서 자칫 심사위원이 못 본 것은 아닐까?

필자 역시 작품을 보내놓고 맘 졸인 경험이 있지만, 이 보다는 작가들이 산고의 고통을 겪으며 완성한 작품을 접수 받아서, 심사를 진행하고, 작품집을 만드는 운영진 역할을 더 많이 해왔다. 그래서 오늘은 작가들이 작품을 보내놓고, 고민하는 시간 동안 공모전의 실무진들은 어떤 일들을 하는지 공모전 뒷이야기를 하고자 한다.

2005년 11월 15일, 행정중심복합도시 도시개념 국제 설계공모를 통해 스페인 출신의 건축가 오르테가_{Andrés Perea Ortega}의 "The City of the Thousand Cities"가 다섯 개 당선작[2] 중 하나로 선정되었다. 심사평에 의하면 이 작품의 가장 두드러진 특징은 산지와 농경지를 공공용지로 활용할 수 있도록 도시의 중심부를 비워둔 것이고, 이는 도시의 아이덴티티를 형성하는데 매우 중요한 역할을 담당할 것이라고 하였다. 비워진 도시 중심부, 그 비워진 곳을 채우기 위한 후속

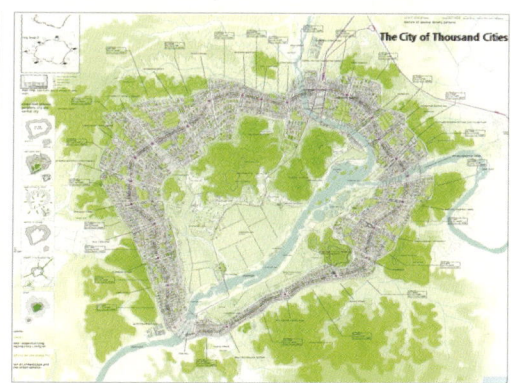

중앙녹지공간 국제 설계공모의 설계범위(좌), 오르테가의 도시개념 국제 설계공모 당선작(우)

작업을 계획하기 시작한다. 국내뿐 아니라 전세계 조경인들의 이목을 한눈에 받았던 "행정중심복합도시 중앙녹지공간 국제 설계공모"는 그렇게 시작되었다.

공모전을 위한 준비: 운영위원회

공모전과 관련된 중요 의사 결정은 대부분 '운영위원회'라는 별도의 의사 결정 기구를 통해 이루어진다. 공모 주최자에 따라 다르긴 하지만, 공공기관, 특히 온 국민의 관심이 집중된 국가적 프로젝트를 공모로 진행할 때에는 공정성을 확보하기 위해 최대한 노력한다. 대부분의 사람들은 주최자 또는 전문위원이 공모전의 중요 사안을 결정할 것이라 생각하지만, 실제로는 다양한 분야, 소속, 특성을 가진 다수의 전문가들로 구성된 운영위원회에서 핵심적인 사항들을 결정한다. 예를 들어, 공모전의 명칭, 공모 방식, 일정, 심사위원 등은 모두 운영위원회가 그 결정권을 갖고 있다.

"행정중심복합도시 중앙녹지공간 국제 설계공모"라는 명칭도 여러 차례에 걸친 운영위원회 논의를 통해 결정되었다. 처음 운영진이 제안한 명칭은 "행정중심복합도시 중앙부 오픈 스페이스 공모"였다. 공모전 이름은 대상지의 지명과 성격을 설명하는 서너 단어로 구성되므로 긴 토론은 필요치 않을 것으로 예상했다. 그러나 막상 회의가 시작되자, 미처 생각지 못한 다양한 의견이 나오기 시작했다. '오픈 스페이스'라는 용어가 적절한 것인지, '공간'이라는 단어가 포함되어야 하는 것인지 등 제목에 대한 심도있는 토론이 이어졌다. 여러 차례의 토의 끝에 "행정중심복합도시 중앙녹지공간 국제 설계공모"로 결정되었고, 처음에는 이름 하나 가지고 왜 이렇게 유난스러울까 하였으나, 토의가 거듭될수록 명칭 하나에도 세세하게 신경을 써야 중요한 일을 그르치지 않겠구나 하는 생각이 들었다.

주최자가 원하는 최적의 설계안이 도출되도록 하려면 적절한 공모 방식을 선택하는 것이 매우 중요하다. 세계에서 가장 유명하고, 사랑받는 공원으로 손꼽히는 센트럴 파크, 풍경식 정원을 재현하는 공원 양식에서 벗어나서 20세기 새로운 공원 설계의 대안을 제시한 라 빌레트 공원, 프로세스 중심의 설계 방식을 제안한 프레시 킬스 공원 등은 모두 공모를 통해 탄생하였다. 우리는 이번 공모전을 통해 전세계 조경계의 이목을 집중시키고, 공원 설계 분야에 새로운 이정표가 될 만한 좋은 작품이 탄생하길 바랐다. 이를 위해 노련미를 갖추고 다수의 이목을 집중시킬 수 있는 세계적인 스타 조경가와 반짝이는 아이디어로 무장한 신진 조경가가 함께 경합할 수 있는 장을 마련하는 것이 중요했다. 그래서 우리는 2단계의 설계공모를 제안하였다. 첫 번째 단계는 아이디어 공모로 제출물의 작성에 소요되는 시간과 비용을 최소화하여 다양한 설계가의 참여를 독려하였고, 홍보라는 부수적 효과도 얻을 수 있었다. 그리고 2단계 공모에서는 1단계 심사를 통해 선정된 아이디어를 기본계획 수준으로 발전시킨 작품을 받아서 심사하였다.

심사위원도 매우 중요하다. 심사위원이 누군인지도 중요하지만, 심사위원을 언제 공개하느냐도 무척 중요한 문제이다. 외국의 경우 공모전을 공고함과 동시에 심사위원이 공개되고, 설계가는 심사위원이 누구인지에 따라 공모전 참가 여부를 결정하기도 하고, 작품의 주제나 방향 등을 결정하기도 한다. 그런데 국내 공모전의 경우 사전에 지나친 경쟁이 일어나는 것을 막기 위해서 심사위원을 심사 전날 또는 당일에 공지하기도 한다.

그러나 심사위원을 늦게 공지하는 것은 외국인 입장에서 보면 공모전의 공정성을 의심하게 한다. 이러한 이유로 심사위원을 공모전 공고 시 동시에 공지하기로 하였다. 심사위원의 선정은 3배수 정도의 심사위원 후보를 먼저 선정하고, 특정 국가에 편중되지 않도록, 이론가와 실무자가 다양하게 포함되도록, 나이와 출신학교 등을 고려하여 결정한다. 나이 및 출신학교는 아마도 지연과 학연 등이 사회적 문제로 지적되고 있는 우리나라의 특수성 때문에 고려되는 요소일텐데, 외국인 심사위원 후보의 나이와 출신학교 등을 미리 알아보는 것은 생각보다 쉽지 않다.

공모 일정을 정하는 데에도 약간의 원칙이 필요하다. 좋은 결과를 이끌어 내기 위해서는 비슷한 규모의 공모전이 진행되고 있다거나, 진행될 예정이라면 이를 피하는 것이 좋다. 공모전의 일정은 심사위원의 섭외에도 영향을 미친다. 대체로 심사위원 중에는 교수가 많으므로 국제 설계공모 심사의 경우 방학 중에 하는 것이 여러모로 편리하다.

공모전 준비의 핵심은 설계지침서 작성이다. 공모전 참가자들이 가장 주의를 기울여 보는 것이 설계지침서다. 대부분의 참가자들은 설계지침서를 다운받는 순간부터 작품 제출하는 순간까지 마르고 닳도록 반복해서 읽게 된다. 그런데 이것을 작성하는 일이 그리 간단치가 않다. 참가자들은 설계지침서의 모호한 점에 불만을 제기하지만, 지나치게 상세한 설계지침서는 창의적이고 자유로운 설계를 방해하여 서로 비슷한 안이 만들어지게 되는 문제가 있다. 이번 공모에서는 창의적이고 다양한 안을 도출하기 위해 가능한 한 열어두려 했다. 또 국제 공모의 경우 대상지 답사가 불가능한 해외 참가자들이 많을 수 있으니 최대한 상세한 정보를 제공해야 한다. 한미 FTA가 국회 비준을 앞두고 협정문 번역 오류가 발견되어 비준이 연기되는 사태가 있었다. 거액의 상금과 설계권이 걸린 공모전에서도 번역과 관련된 문제가 야기될 수 있어, 전문가에게 번역을 의뢰하고, 법률 자문을 받는 등 최대한 주의를 기울였다.

행복도시 중앙녹지공간 공모전은 약 1년여의 시간 동안 열두 차례의 운영위원회를 개최해 세세한 부분까지 하나하나 결정하고 준비하였다. 공모전의 본격

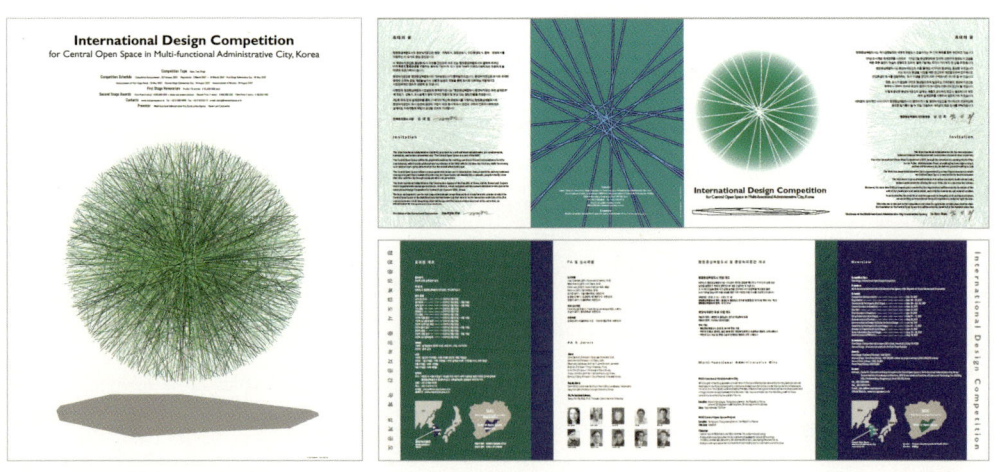

행정중심복합도시 중앙녹지공간 설계공모 포스터(좌) 및 리플렛(우)

시작을 알리기 위해 국내외 주요 기관에 공모를 홍보하는 포스터와 리플렛을 우편으로 발송하고, 국내외 관련기관 홈페이지 등에 공지하고, 국내 일간지 광고면에 공고하였다. 그리고 준비진은 초조하게 많은 사람들이 참가등록 하기를 기다린다.

2007년 3월 24일, 참가등록 마감일

공모전이 성공적으로 진행되고 있는지 가장 먼저 확인할 수 있는 단계가 참가등록이다. 얼마나 많은 설계가들이 관심을 갖고 있는지, 앞서 언급한 스타 설계가의 참가 의사가 있는지, 해외에도 충분히 홍보가 되었는지 등을 처음으로 파악하게 된다. 대체로 참신한 안을 확보하는 것이 주 목적인 학생 공모전은 등록비를 받지 않는다. 등록비가 없는 공모전의 경우 참가등록한 팀의 수에 비해 실제 제출되는 작품의 수가 매우 적다. 공모전의 참가등록비는 참여 자격을 우회적으로 제한하는 장치인 동시에 작품 제출율을 높이는 일종의 안전장치인 셈이다.

행복도시 중앙녹지공간 공모전은 총 178개 팀이 참가등록을 하였고, 그중 66개 팀이 해외 참가팀이었다. 국제 공모를 개최하겠다고 시작하였으나, 행여 국내 조경인들의 잔치가 되지 않을까 했던 우려가 해소되었다. 참가등록자 명부에는 초청하고 싶었던 스타 조경가의 이름도 제법 눈에 띈다. 공모전의 성공을 예견하기에는 아직 이르지만 다소 마음이 놓인다.

2007년 5월 14일, 1단계 작품제출일

작품접수가 시작되고 첫 날, 둘째 날, 작품을 기다려보지만 접수되는 작품이 많지 않다. 대부분의 사람들이 참가등록만 하고, 정작 작품을 제출하지 않으면 어찌해야 하나하는 걱정이 커져갈 무렵 해외에서 보낸 작품이 도착하기 시작한다. 해외 작품의 경우 배송 날짜를 정확하게 맞추기 어렵기 때문에 국내 작품에 비해 일찍 도착한다. 우편을 통해 작품이 도착하면 개봉하지 않고, 포장 겉면에 적힌 보낸 사람의 이름을 확인하여 등록자 명부와 대조하고, 접수대장에 기록

한다. 그리고 작품의 포장 겉면에 접수 번호를 기록하고, 창고에 보관한다.

작품제출 마감일, 오전만 해도 등록 장소는 한산하였는데, 오후가 되니 국내 작품이 속속 도착한다. 마감시간을 2시간여 남긴 때, 접수처의 긴장감은 절정을 이룬다. 마감시간에 맞춰 도착할 수 있을지 불안해진 몇몇 참가자들의 전화가 걸려오기 시작한다. "(서울이 교통지옥이긴 하지만) 차가 밀려서, (늘 이럴 때 말썽을 일으키는) 플로터 때문에 십분 정도 늦을 것 같은데 어쩌죠?" 그렇지만 접수 담당자가 해줄 수 있는 말은 없다. "죄송하지만 시간 내에 도착하셔야 합니다." 국내외 설계가들로부터 100여개 작품이 접수되었다. 이제 또 한숨 돌린다.

2007년 5월 26일, 1단계 작품심사

이제 정말 '힘'을 써야 할 시간이다. 심사장을 세팅해야 한다. 먼저 보관 장소에 모셔둔 100여 개의 작품을 심사장까지 조심스럽게 운반한다. 행여나 작품이 파손될까, 분실될까, 계란이나 유리액자 다루듯 조심스레 운반한다. 그리고 심사장에 도착해서 작품을 개봉한다. 패널, 설명서, CD, 서류 등이 모두 규정에 맞는 규격과 수량을 갖추었는지 확인하고, 행여나 설계자가 누구인지 알 수 있는 표식이 있는지 확인한다. 접수 순서대로 부여한 등록번호와는 다르게 무작위로 추출한 작품번호를 부여하여 작품마다 기록하고, 심사위원들이 작품을 관찰하는 데 불편함이 없도록 이젤을 세우고 작품들을 배치한다. 100여개의 작품이 늘어선 심사장은 고요하지만, 작품들이 뿜는 에너지로 압도되는 분위기다.

공식적으로 작품 심사는 공모 진행의 책임자인 전문위원이 공모전의 개요와 대상지를 설명하는 것으로 시작된다. 다음으로 심사위원들은 심사를 주도적으로 진행할 심사위원장을 선정한다. 심사위원장이 선정되고 나면 이후 모든 심사 진행은 전문위원이 아닌 심사위원장이 진행한다. 심사위원회는 본격적인 심사에 앞서 토의를 통해 심사 방식을 결정한다. 예비심사위원을 포함한 아홉 명의 심사위원이 각각 10개 작품을 선정하고, 이를 취합하여 상위 20여개 작품을 1차적으로 선정한 뒤 후보작에 대한 심층 토론을 실시한다. 이후에는 예비심사위원을 제외한 7명의 심사위원이 투표와 토론을 여러 차례 반복하면서 이틀에

1단계 심사 광경

걸쳐 결선작 10작품을 선정한다. 작품을 모두 선정하고 나면, 심사위원들은 심사평을 작성하고, 결선작(당선작)의 작품 번호를 기록한 심사 결과서에 사인을 한다. 전문위원과 심사위원들은 공모의 주최자에게 이를 보고하는데, 주최자들은 본인들이 실현하기에 적절한 안이 선정되었는지, 유명한 작가가 결선에 올랐는지 등을 매우 궁금해 한다.

2007년 5월 27일, 1단계 심사결과 발표

심사가 끝나고, 당선작이 결정되면 대부분의 사람들은 공모전이 모두 끝났다고 생각하기 쉽지만, 당선작을 공식적으로 발표하는 것도 상당히 많은 절차와 세심함을 필요로 한다. 우선은 당선작이 결정되면 참가등록 시 기재한 대표자 이메일로 당선 및 탈락을 알리는 메일을 보낸다. 행여나 당선 및 탈락 여부가 잘못 전달되는 일이 없도록 거듭하여 확인하고 메일을 발송한다. 그리고 보도자료를 작성한다. 이때에는 당선된 작품들의 이미지와 디자이너들의 프로필 등이 필요하다. 이를 이용하여 보도자료를 작성하고 다음날 간단한 기자회견을 마련한다. 이를 위해, 심사위원장에게는 미리 이러한 절차를 설명하고 시간을 확보해야 한다. 또한 심사가 주로 주말에 이루어지는 것은 심사위원의 일정이 가장 큰 이유이지만, 당선작을 결정하고 나서, 당선작을 발표하기 위한 준비를 마치고, 월요일에 기자회견을 하기에 가장 좋은 일정이기 때문이기도 하다. 당선작이 발표되면 주최측과 운영진이 촌각을 다투며 진행해야했던 일은 다소 마무리 된다.

2007년 8월 ○○일, 2단계 작품접수 및 심사

2단계 작품접수 및 심사는 앞서 설명한 1단계와 비슷하게 진행된다. 차이점은 제출된 작품의 수는 적지만 부피가 훨씬 크다는 것과 모형이 있다는 점이다. 2단계 심사는 작품의 수는 적지만 심사 열기는 1단계 못지 않다. 오히려 10개 작품으로 압축되어 심사위원의 눈과 귀는 더욱 예민해져 있다. 1차 심사와 마찬가지로 심사위원들은 투표와 심층토론을 반복하면서 작품의 순위를 결정한다.

2007년 10월 ○○일, 시상식과 작품집 발간

1년여의 준비기간과 6개월의 진행기간을 거쳐 당선작이 선정되고 드디어 시상식이다. 많은 해외 설계가들이 참여하였고, 국제적으로 명망있는 조경가와 건축가, 도시계획가들이 심사하였는데, 자랑스럽게도 우리나라 설계가의 작품이 나란히 1, 2, 3등으로 선정되었다. 우리나라 조경가들의 능력을 국제적으로 공인받는 계기가 된 것 같아 뿌듯함과 동시에 시상식 참석 범위가 국내로 한정되어 운영진 입장에서 시상식 준비가 한결 쉬워졌다. 정성들여 제작한 상패와 상장 등이 잘 전달되도록 행사 진행에 신경 쓰고, 작품들을 잘 취합하여 작품집을 제작하였다.

이로써 1년여의 준비기간과 1년여의 진행 및 정리기간을 거친 공모전이 막을 내렸다. 국내 조경계에서 대규모 국제 설계공모를 개최한 것은 처음인지라 책임감도 막중했고, 신경써야 할 부분도 많았지만, 그만큼 보람있는 일이었다. 앞으로도 이런 행사와 기회가 많아져서 우리나라 조경계가 세계 속에 우뚝 서는 날이 오길 바란다.

행정중심복합도시 국제 설계공모 참가하기

초청

아침에 회사에 와보니 사장님에게 이메일이 하나 와있다. 한국에서 공모전과 관련된 초청이 왔으니 체크해 보라는 내용이다. 드디어 소문만 무성하던 행정 중심복합도시 중앙녹지공간 국제 설계공모전(이하 MAC으로 표기)이 그 모습을 드러냈다.

해안과 발모리의 당선안(행복도시 중심 행정타운 국제공모)이 준 신선한 충격은 디자인 계에 국한된 이슈라고 해두자. 디자인의 문제를 떠나 행정중심복합도시 건설은 연일 9시 뉴스의 첫 화면을 장식할 만큼 정치적으로나 사회적으로 모든 국민들의 관심이 집중된 중요 사안이었다. 그러니 공식 공고가 나오기도 전에 이미 이 공모전은 조경계에서 계속해서 화두가 될 수밖에 없었다. 도시개념 국제 설계공모전이 있었고, 뒤이어 대형 건축 공모전이 있었다. 그리고 이제 남은 것은 조경이었다.

공모전이 어떠한 식으로 공지가 되느냐에 따라서 그 공모전의 성격이나 비중을 예측해 볼 수 있다. 웹사이트나 건축잡지, 혹은 지인들을 통해서 알게 되는 공모전은 대부분 아이디어 공모전인 경우가 많다. 항상 그런 것은 아니지만 아이디어 공모전은 대개 오픈 컴피티션, 즉 참여에 특별한 자격 제한이 없다. 때문에 오픈 컴피티션은 특별한 경우가 아니고서는 대부분 학생들이나 젊은 디자이너들의 잔치다. 이런 공모전은 회사 입장에서는 매력이 없다. 당선이 되어도 보상이 적을 뿐만 아니라, 혹시라도 회사 이름을 걸고 참여했는데 학생이나 이름없는 회사보다 등수가 낮다면 참가를 아니한 것만 못하다. 결국 저명한 디자인 회사 입장에서 오픈 컴피티션은 여러모로 위험이 너무 크다.

반대로 공식 초청이 오는 공모전은 지명 공모전이나 자격 심사의 단계를 거치는 RFQ Request for Qualification의 형태를 띄는 것이 일반적이다. 지명 공모전은 말 그대로 특정 회사나 디자이너를 지명하여 초빙하는 형식의 공모전이다. 이 경우 대개 작업의 금전적 대가가 보장되기 때문에 회사에서는 공모전 일정이 비현실적이거나 인력이 절대적으로 부족하지 않는 한 마다할 이유가 없다. 게다가

지명 공모전은 화제성이 풍부한 경우가 많고, 초청된 다른 경쟁자들 역시 상당한 인지도가 있는 팀이기 때문에 순위가 좋게 나오지 않는다 하더라도 창피할 일은 없다. 지명 공모전이 아닌 RFQ 형태의 공모전 역시 회사 입장에서는 매력적이다. RFQ는 자격, 즉 실적을 본다는 것인데, 실적에 따라 어느 정도 참가할 자격이 있는 팀들이 소수로 제한되기 때문에 결국 지명되는 팀들이 많은 지명 공모전과 비슷하다. 게다가 특별한 디자인 작업 없이 실적 증명 자료만 제출하면 되고 1차 심사를 통과하면 어느 정도의 작업비가 나오니, 시간적, 금전적으로도 크게 손해는 보지 않는다.

이메일을 자세히 읽어보니, 이번 공모전은 오픈 컴피티션이다. 그런데 아이디어 공모전이 아닌 실시설계권이 걸려있는 공모전이다. 이런 경우 문제가 조금 복잡하다.

우리 참가합시다

앞에서도 말했지만 오픈 컴피티션은 회사로서는 매력이 없다. 특히 외국 회사의 입장에서 한국, 그 중에서도 수도 서울이 아닌 지방 신도시의 공모전은 손해를 감수하면서까지 참가할 큰 의미가 없다. 국내에서는 이 프로젝트가 사회적으로 큰 이슈가 되고 있는 중요한 사항임을 누구나 알고 있지만, Multi-functional Administrative City라는 명칭에서 외국인들이 이 프로젝트가 한국의 행정수도를 건설하는 어마어마한 사업임을 알기란 힘들다. 결국 저명한 외국 디자인 회사 중에서 이 공모전에 참여할 회사들은 세 가지로 분류해 볼 수 있다. 이 공모전에 참여하려는 한국 회사가 금전적 대가를 지불하고 파트너로서 초빙한 회사, 한국의 프로젝트를 다수 진행해서 이 공모전의 의미에 주목하는 회사, 이 프로젝트에 특별히 관심을 가진 구성원들이 있는 회사, 이렇게 세 부류이다. 그 중 우리는 마지막 부류에 속한다. 한국인인 나를 제외하고는 회사 내에서 이 공모전에 아무도 관심이 없을 수도 있다.

월요일 아침마다 하는 오피스 전체 미팅이 끝나고 회의실을 나가려는 사장님을 불러 세운다. MAC 공모전에 대해서 이야기해야 하지 않느냐고. MAC?

표정을 보아하니 맥도날드 빅맥을 생각하는 눈치다. 이메일로 온 공모전 초청에 대해서 설명하니 그제서야 알아듣는다. 몇몇 상황을 떠올려보니 참가 여부가 그다지 긍정적으로 보이지 않는다. 2007년 3월, 불과 몇 달 뒤에 세계를 흔들 미국발 금융위기가 터지지만, 파국의 끝이 항상 그러하듯 지금 전세계적으로 건설계는 역사상 최대의 호황이다. 일거리가 넘쳐나고 일할 사람들이 부족하다. 게다가 국제 무대에서 디자이너들의 승부처는 이제 중국과 중동이다. 연일 건축잡지에서는 가끔 이래도 되나 싶을 정도로 과격한 중동을 무대로 한 신진 건축가들의 실험적 작품이 소개되고, 중국 도시 성장에 대한 논문과 세미나가 매달 쏟아져 나오고 있다. 더군다나 우리 오피스는 얼마 전 중국과 대만에서 나온 공모전을 마무리한 지가 얼마 되지 않았다. 거금을 주고 모포시스를 건축가로 모시는 등 엄청난 투자를 했지만, 결과는 둘 다 2등. 이제 지금 당장 돈을 줄테니 빨리 일하라는 고객들의 성화에 귀를 기울이자는 의견이 지배적이다.

미지근한 반응에 재빨리 다른 생각을 해본다. 입사 2년 차의 사원이 아무리 프로젝트의 중요성과 의의를 역설해 보았자 그 의견이 심도있게 반영되기는 글렀다. 어차피 오픈 컴피티션인데 그냥 개인적으로 팀을 짜서 참가해볼까? 회사가 한가하다면 상관없지만 일이 넘쳐 거의 매일 야근을 하는 상황에서 시간을 내기란 거의 불가능해 보인다. 전화할 곳이 있어 일어나야겠다는 사장님에게 회사 차원에서 공모전을 참가하지 않을 것이라면 개인적으로라도 참가하겠다고 말한다. 업무 외 시간과 주말을 이용하여 작업을 할 테니 회사 일에는 지장을 주지 않겠다. 그러니 양해해 달라.

바빠서 일어나야 한다는 사장님이 가만히 있는다. 이 자식, 따로 공모전을 한다면 회사 일에는 소홀해질게 뻔한

우리가 여기 있다. SWA LA 사무실의 모습

데, 그렇다고 개인 시간에 한다는 공모전을 못하게 할 명분도 없고. 말투를 들어보니 목숨 걸고 할 기세인데, 혹시라도 좋은 결과가 있으면 공식적으로는 내가 프로젝트 매니저이니, 결과가 좋으면 나쁘지는 않을 것 같기도 한데⋯⋯. 표정을 보고 짧은 순간에 대강 이런 생각이 스쳐갔으리라고 짐작해 본다. 매우 심사숙고를 한 듯한 표정으로 사장님이 입을 연다. 너의 열정을 알겠다. 그리고 이 프로젝트의 의미도 잘 알겠다. 그렇다면 SWA의 이름을 걸고 한번 나가보자. 대신 알다시피 다른 회사 프로젝트들도 바쁘고 큰 공모전을 치른지도 얼마 되지 않아 지원은 거의 못해준다. 너를 믿을 테니 이 공모전을 함께 치뤄보자. 아 참, 그리고 참가 등록할 때 내 이름으로 등록해야 하는 거 알지?

개념

이런 개념 없는 사장님 같으니라고. 말은 그럴싸하지만 너 혼자 잘해보라는 의미다. 물론 업무 외 시간을 주로 이용해서. 시작은 미약하지만, 일단 회사 이름을 걸고 참가한다는 것은 큰 성과다. 디자인이 진행되면서 만일 이 공모전에 어느 정도 가능성이 보인다고 하면 회사의 전폭적인 지원을 이끌어낼 수도 있다. 그

공모전 회의

리고 다른 저명한 팀들이 참가한다는 소문이 전해지면 자존심의 차원에서도 그냥 프로젝트를 버려둘 수는 없다. 이런 긍정적인 방향으로 가기 위해서는 우선 사장님이 관심을 가질만한 흥미로운 설계 개념을 보여줘야 한다. 문제는 팀원이다. 그래픽 작업은 물론이고 디자인 개념을 만드는 단계에서도 한 명 보다는 두 명이 낫다. 저녁 때 오피스 전체에 이메일을 보내본다. 디자이너로서의 역량과 아이디어를 시험해 볼 도전적인 공모전이 떴다. 한국에 센트럴 파크를 능가하는 규모의, 어쩌면 조경의 패러다임을 바꿀 수도 있는 공원이 만들어진다. 그러니 우리 함께 하얗게 밤을 불살라보자꾸나. 다음날, 답메일은 한 통도 오지 않았다. 내 그럴 줄 알았다. 일단은 나 혼자 해야겠다.

우선 앞선 두 개의 공모전을 살펴보자. 첫째, 오르테가의 도시 개념 공모전. 사실 지금 행정중심복합도시는 실질적인 공간 형태는 다르지만 구조상 이 당선작의 개념을 거의 그대로 따르고 있다. 지금의 공원은 가운데를 녹지로 비워야 한다는 전체적인 틀에서 벗어날 수 없다. 두 번째, 해안과 발모리의 중심 행정타운 공모전. 형태적인 측면이 강조된 디자인이다. 그렇다면 형태는 이번 공모전의 정답이 아닐 가능성이 크다. 주최와 분야가 다른 이 두 공모전은 비교가 될 수밖에 없다. 이전 공모전이 형태적인 접근으로 주목을 받았는데 이번에도 형태적인 방향으로 가면 모양새가 좋지 않다. 물리적 구조와 형태가 승부처가 될 수 없다면, 남은 답은 시스템이지 않을까? 사실 랜드스케이프 어바니즘의 담론이 유행하면서 시스템적인 접근 방식은 특히 국내 조경계에서 일종의 대세가 되었다. 하지만 문제는 공모전이니만큼 파격까지는 아니더라도 새로움을 제시해야 하는데, 시스템이란 결국 운영 방식, 비물리적인 프로세스의 체계를 말하니 가시적인 차별화가 힘들다.

대상지를 보면 일단 그 크기에 압도된다. 사실 전체 도시 규모와 인구에 비교한다면 과하다 싶을 정도의 녹지 공간이다. 일단 이 공간을 프로그램으로 채운다는 것은 무리일뿐더러 타당하지도 않다. 비움의 공간. 이는 새로운 발견이라기 보다는 이미 이전의 공모전과 지침서가 명시하고 있는 전제이다. 이 전제하에서 디자인은 비움과 채움의 전략이 될 수밖에 없다. 즉, 얼마나 비우며 어떻게

초기 설계 개념. 1단계 프로그램

초기 설계 개념. 2단계 프로그램

녹지 체계에 대한 제안

비우는가. 반대로 얼마나 채우며 어떻게 채울 것인가에 대한 답을 주어야 한다. 현재 그 광활한 보이드를 채우고 있는 것은 논이다. 그러나 도시의 입장에서 볼 때 보이드이지만, 프로그램적으로 이미 대상지는 농경지라는 생산의 공간으로 가득 차있다. 형태적으로 이 농경지는 거대한 그리드라는 생산에 가장 효율적인 시스템으로 대지를 장악한다.

잠깐. 비움의 반대항인 채움의 공간. 즉 도시를 이루는 가장 효율적인 시스템 역시 그리드가 아닌가? 그렇다면 비워야 하는 공원과 채워야하는 도시가 같은 시스템 상에서 존재한다면, 공원이 도시가 되고 도시가 공원이 되는 구조도 가능해 보인다. 어차피 센트럴 파크 역시 도시의 그리드들을 점유하는 공원의 구조이지 않은가. 우선 대상지를 점유하고 있는 농경지의 그리드와 기존의 도시들의 그리드들을 비교함으로써 도시와 공원이 같은 구조를 공유할 수 있는지를 점검해보자. 북경의 수퍼블럭보다는 작고 맨해튼의 그리드보다는 크다. 구조적으로 이 농경지의 그리드가 그대로 도시의 그리드가 되어도 무리가 없어 보인다. City Park 혹은 Park City. 공원과 도시가 같은 구조를 공유하며 프로그램적인 치환이 가능한 구조. 채움과 비움을 효과적으로 교환할 수 있는 시스템. 이 얼마나 훌륭한 아이디어인가?

바로 이런 상황이 혼자서 작업할 때 발생하는 가장 큰 문제이다. 자기의 아이디어에 비판 없이 도취되는 것. 학교에서는 선생님이, 실무에서는 동료나 상사가 이러한 점들을 잡아주지만 혼자만의 작업은 항상 이러한 덫에 걸리기 쉽다. 나중에 1차 심사 통과작들이 발표된 후에야 깨달은 것이지만, 사실 농경지가 갖는 그리드의 형태를 이용한다는 것은 모든 팀들이 공통적으로 수용한 사항이었다. 즉, 우승 후보라면 누구나가 발견한 중요한 특징이었던 셈이다. 물론 그 방식과 의미 부여에서는 차이가 있어야 했고, 그것이 승패를 가르게 되었지만.

헤이 친구

출근해서 커피를 들고 자리로 돌아가는데 사장님과 마주쳤다. 한국인 같으면 그냥 인사하고 가면 되는데, 미국인들은 사소한 대화를 나누어야 한다. 이들은 "안녕하세요?" 하고 물으면 어제, 오늘, 내일 안녕한 이유에서부터 나의 안녕까지 디테일하게 물어본다. 아니나 다를까 어깨를 치며 세상에서 제일 친한 친구처럼 나의 안녕을 물어본다. 나는 어색한 미소를 지으며 안녕하긴한데 조금 힘들다고 한다. 오우, 왜? 공모전 진행이 걱정이다. 오우, MAC? 고개를 끄덕인다. 오우, 혹시 건축가는 필요없어? 오우! 사장님, 당연히 필요해요! 절실해 보이는 눈빛을 쏘아주니 사장님이 마리오와 크리스라는 건축가를 소개시켜 준다고 한다. 이름만 들으니 마치 슈퍼 마리오 형제 같다.

막상 만나보니 마리오는 정말 슈퍼 마리오처럼 생기긴 했어도 이들은 형제는 아니었다. 7년간 그 유명한 건축사무소 모포시스에서 노동 착취를 당하다가 얼마 전에 독립을 했다고 한다. 우리 사장님하고는 모포시스에 있을 때 몇 개의 프로젝트를 같이 했다고 한다. 얼마 전에 막 독립을 해서 일은 그다지 없고, 모든 공모전을 다 당선시킬 것만 같은 꿈과 희망에 부풀어 있는 친구들이다. 일단은 공짜로 일한다고 한다. 역시 우리 사장님은 이런 일은 잘 처리 하신다. 나도 일단

이들이 있으면 모든 **3D**와 건축 디자인, 그리고 덤으로 파격적인 형태적 디자인까지 순식간에 나올 것 같은 꿈과 희망에 부풀어 오른다. 이런 사랑스러운 친구들 같으니라고.

그런데 막상 첫 아이디어 회의를 시작해보니 수월하지만은 않다. 이봐 친구들. 이건 매우 신선한 발상이라고. 위대하신 렘 콜하스 님께서 『광기의 뉴욕』이라는 명저에서 이야기한 바가 있지. 맨해튼의 광기를 만드는 것은 다름 아닌 그 정형적인 그리드 시스템이라고. 형태적으로는 가장 단순하고 고정된 듯 보이지만, 그 그리드 안에서는 어떠한 것도 허용하는 자유로움이 바로 뉴욕의 역동성과 가능성을 만들어낸 것이라고. 내가 볼 때는 공원도 다르지 않다는 거지. 논의 그리드를 도시의 그리드로 치환을 해서 공원도 도시처럼 블럭 단위로 다루어보면 어떨까? 그렇다면 가장 명료한 시스템이 담아낼 수 있는 대지의 잠재성을 극한으로 발현시킬 수 있지 않을까?

매우 훌륭한 아이디어라고 포옹이라도 할 줄 알았는데 이들이 은근히 딴지를 건다. 형태가 너무 밋밋하다. 임팩트가 없다. 프로세스는 알겠는데 물리적 구조에서 읽히지가 않는다. 비슷한 위치의 디자이너들이 만나서 공모전을 할 때 사실

아이디어 회의 모습

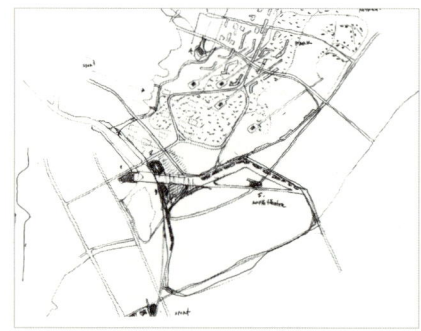

건축가들의 초기 제안

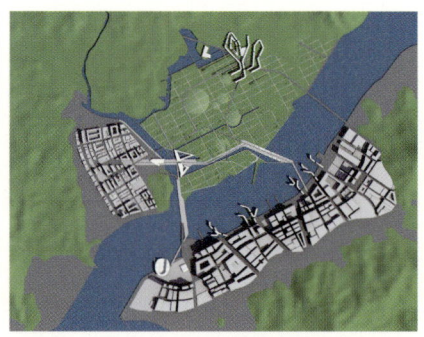

건축가들이 제안한 도시 건축 모델

가장 까다로운 문제는 디자인이 아니라 주도권을 누가 잡는가의 문제이다. 나의 디자인 의지를 관철시키는 것이 초반에 중요하다. 자존심도 자존심이거니와 자발적으로 참여하는 공모전에 나의 디자인을 반영시키지 못한다면 굳이 함께 공모전을 해야 할 이유가 없다. 참으로 소모적인 시간이 흐른 뒤에야 문제가 어디에 있는지 깨닫는다. 문제는 디자인 전략의 좋고 나쁨이 아니다. 시스템이나 프로세스를 위주로 한 디자인에서는 건축가가 크게 할 일이 없다는 게 문제다. 물론 건축에서도 이는 중요한 요소다. 하지만 모든 다른 요소가 훌륭하다고 하더라도 형태가 진부하거나 재미가 없다면 이는 건축가로서는 수치다. 넌지시 물어본다. 그렇다면 나는 여기에서 시스템과 프로세스적인 요소를 더 발전시키겠다. 하지만 시스템 내에서 형태적인 요소나 건축, 그리고 건축과 접하는 경계는 너희가 맡는 게 어떠냐? 암묵적인 동의가 이루어진다. 각자의 강점을 살릴수 있는 영역을 나눈다. 이것이 긍정적인 영향을 미칠지 아니면 부정적으로 작용할지는 모르겠지만, 일단 작업은 빠르게 진척된다.

2주 전

어느새 마감일이 2주 앞으로 다가왔다. 마리오 형제는 과연 모포시스라는 이름이 헛되지 않은 무시무시한 작업 속도를 보여주었다. 대강 그린 캐드를 건네주니 하루만에 사이트 3D 모델이 나오고 며칠 만에 건물 디자인이 하나씩 나온다. 문제는 나다. 혼자서 작업을 하려니 이들의 속도를 따라가기 버겁다. 내가 맡은 것은 전반적인 공원의 디자인, 마스터플랜, 조감도, 섹션, 이미지 작업, 다이어그램, 그리고 보고서와 패널인데 도저히 2주 안에 혼자서 끝낼 수 있는 분량이 아니다. 레드불을 한 캔 마시고 사장님 자리로 찾아간다. 잠을 제대로 못잔 내 몰골을 보더니 흠칫 놀란다. 지금 나 상태가 안 좋아서 가서 잠 좀 자고 있다가 다시 나오겠다. 그런데 나 혼자서는 이대로는 마감을 못한다. 작업을 도와줄 사람들이 더 필요하다. 만일 도와줄 사람을 못 구한다면 지금 포기하는 게 좋겠다. 어차피 사장님 이름으로 참가신청서를 제출했으니 사장님께서 결정을 해 달라. 거의 반 협박조로 말을 하고 무작정 회사를 나와서 라면 한 그릇 끓여먹고 드러눕

마감 2주전

는다.

　한숨 자고 돌아오니 여기저기서 무엇을 도와주면 되냐고 사람들이 모여든다. 사람들을 충분히 더 투입할 수 있었어도 비용 문제 때문에 지금까지 아무런 지원도 해주지 않은 사장님이 얄밉지만, 이제라도 사람들이 더 붙었으니 할만하다. 오케이. 마스터플랜은 내가 그대로 진행하고, 다이어그램은 미오 양이 맡아주고, 알렉스는 조감도, 린은 보고서 작업, 인턴 아가씨는 나와 함께 이미지 작업을 합시다. 날짜로는 2주일 남았지만 우리의 미국 친구들은 주말에는 일을 안 할테니 이틀 빠지고 한국까지 보고서와 패널을 보내는데 나흘, 출력하는데 하루 잡으니 실제로는 일주일밖에는 없다. 지금부터는 한 명이라도 삐걱대면 정말 제출을 못 할 수도 있다.

　출력소에 보내기 전날 각자 맡은 완성품들을 보여준다. 마지막 날이 되어서 내용물들을 체크하는 것은 공모전 진행에서 절대로 하지 말아야 할 일임을 알지만, 어쩔 수 없다. 내가 맡은 부분을 처리하기도 바빴다. 이런 알렉스, 이 조감도는 정말 일주일 내내 일한 것이란 말이냐. 그렇게 수정을 하라고 했건만 저 나무들은 레고들이냐, 벽지 패턴이냐. 막말을 하고 싶었지만, 한국인이 영어로 욕하는 것이 어색한 일이고, 그런다고 조감도가 좋아질 리도 없기 때문에 넘어가자. 조감도는 마음에 안 들지만 별다른 수가 없고 지금 고쳐서 될 일이 아니기 때문에 통과. 인턴 아가씨의 이미지. 감동적이진 않지만 생각보단 괜찮다. 굿 잡. 미오의 다이어그램들. 이런, 이 둘은 완전 잘못되었는 걸. 이것들은 그대로 못 써. 최대한 빨리 수정해주세요. 결국 작업은 다음날 오전을 지나 오후까지 계속되고 출력소에 예약한 시간은 지나버렸다. 몇 개 업소에 전화해보니 자정까지만 보내면 아침에 배달을 해 줄 수 있는 출력소가 있다고 한다. 그나마

다행이다.

그런데 아침에 패널을 받아보니 패널 사이즈가 잘못되었다. A0 사이즈인데 이건 Arch E 사이즈다. 미국의 종이 규격은 한국과는 다르다. 두 사이즈가 비슷해서 직원이 미국 규격으로 출력을 한듯하다. 당장 출력소로 달려간다. 출력을 맡기고 배송업체에 전화를 한다. 저녁 6시까지만 도착하면 오늘 밤 비행기로 나갈 수 있다고 한다. 회사로 달려가서 다른 아이템들을 체크해본다. 리포트, 참가서, 그리고 CD. 출력소에서 패널만 오면 된다. 하루가 무척이나 긴데 시간은 없다. 제일 빠르고 비싼 서비스로 모든 걸 보내고 나서야 긴장이 풀린다. 갑자기 무척이나 허기가 진다. 그제서야 오늘 아무 것도 먹지 않았다는 것을 안다. 학교를 졸업하고 미국 회사에서 일하면 밤새울 일은 별로 없을 줄 알았는데 꼭 그런 것만은 아니다. 다른 점이 있다면 학교 마감 뒤에는 뒷풀이가 있었는데 여기는 한국적인 문화는 없다. 더 편하기도 하다. 일찍 쉴 수 있으니까.

탈락

우리 팀은 최종 결선작에 뽑히지 못했다. 아이러니 하게도 공모전에는 떨어졌지만 이 프로젝트는 회사 내에서 여러 가지 역할을 했다. 우리 사장님은 로스앤젤레스 인근의 여러 건축학교에서 이 공모전을 주제로 특강을 하였고, 최고의 디자인 학교인 하버드 GSD에서도 초청을 받았다. 그해 가을 사장님은 캘리포니아의 사립 명문 USC 건축과의 교수 자리를 얻었다. 교수 임용 특강의 첫 내용이 바로 이 공모전이었다. 이후 우리 회사는 1년간의 기획을 거쳐 『Landscape Infrastructure』라는 제목의 회사 작품집을 출판하였다. 이 공모전의 안은 수 백개의 프로젝트 중에서 선정된 주요 작품 중 하나가 되었다. 그 외에도 다양한 마케팅 자료나 제안서에 한동안 이 공모전은 항상 들어갔다. 개인적으로 나는 부족한 점이 많은 이 안이 대외로 홍보되는 것이 마음에 들지는 않았지만, 디자인안 역시 기업에서 돈을 투자한 상품이다. 따라서 상품으로서 디자인은 그 역할을 최대한 해야 했고, 그러한 점에서 이 안은 공모전에 당선되기는커녕, 1차 관문도 통과하지는 못했지만 나름대로 성공적인 프로젝트였다.

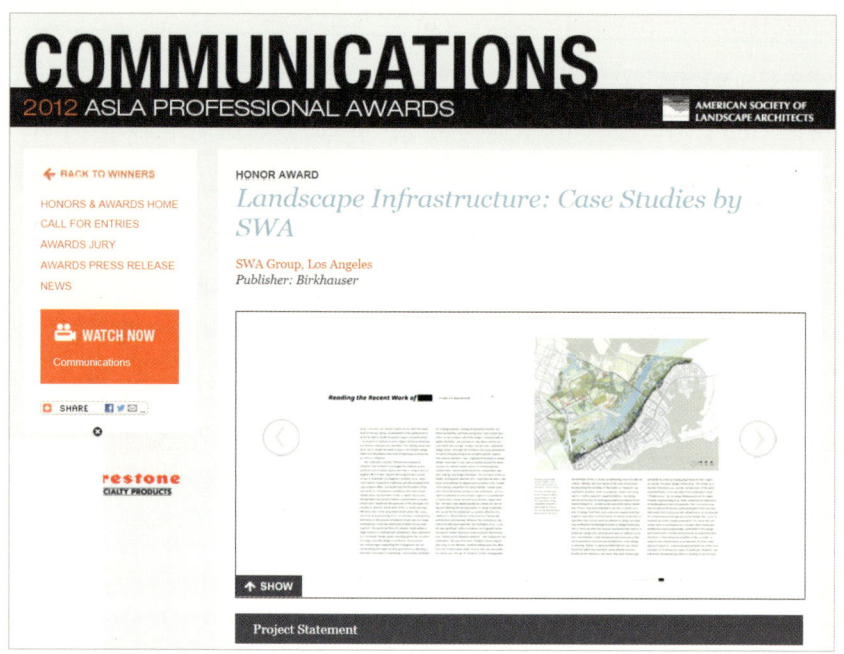

『Landscape Infrastructure』에 실린 공모전. 이 책은 ASLA 2012년 Communication에서 상을 수상하였다(출처: http://www.asla.org/2012awards/201.html).

공모전. 사실 디자인 회사에게는 가장 수익성이 떨어지지만 가장 큰 홍보 효과가 있는 일거리이며, 클라이언트의 입장에서는 가장 최소한의 비용으로 가장 많은 디자인을 얻을 수 있는 프로젝트의 형태이다. 그리고 디자이너에게는 일탈을 가능하게 하는 가장 신나고 드라마틱한 이벤트이다. 수많은 스타들이 공모전을 통해서 나왔고 공모전을 통해서 졌다. 젊은 디자이너가 거장들과 일대일로 대결을 할 수 있는 유일한 무대이기도 하며, 가장 빨리 성장을 할 수 있는 기회이기도 하다. 그렇다면 개인적으로 나에게 이 공모전은 무엇이었을까? 이 공모전은 내가 실무에서 처음으로 주도했던 프로젝트였다. 그 이후 나는 수많은 공모전을 진행해왔고 앞으로 지금까지 내가 했던 것보다 더 많은 공모전에 참여할 것이다. 아마도 조금 시간이 더 지나면 공모전들과 많은 프로젝트를 통해서 지금보다는 나은 조경가가 될지도 모른다. 혹시라도 이후에 괜찮은 조경가가 된다면, 이 공모전이 시작점이었다는 것을 잊지는 않을 듯하다.

---

1 이 글은 행정중심복합도시 중앙녹지공간 국제 설계공모를 키워드로 정윤희와 김영민이 함께 구상하여 집필하였다. 전반부의 "운영하기"는 정윤희, 후반부의 "참가하기"는 김영민의 글이다.
2 5개 당선작은 The City of the Thousand Cities(Perea Ortega, Andrés), The Orbital Road(Duerig, Jean Pierre), Thirty Bridges City(송복섭), Dichotomous City(김영준), A Grammar for the City(Aureli, Pier Vittorio)였으나, 실제 행정중심복합도시의 기본개념은 Ortega의 안을 가장 많이 참조하여 작성하였다.

be
a landSCALE
architect

주신하 _ 서울여자대학교 원예생명조경학과 교수

"인간적 척도라 함은 보통 친근감을 느낄 수 있는 규모라고 말한다.
일정 대상에 대하여 친하고 가깝게 느낀다 함은
그 대상을 이미 알고 있다는 의미를 함축하고 있다.
더 구체적으로 말한다면 자신의 크기에 비한 그 대상의 크기를,
즉 자신의 크기의 몇 배가 되는지를 안다는 뜻이 된다."

– 임승빈, 「환경심리와 인간행태」, 보문당, 2007

매개체를 활용한 설계

빈 종이의 공포! 솔직히 말씀드리자면 지금 이 글을 시작하는데도 상당한 시간
이 필요했습니다. 뭔가 처음 일을 시작할 때에는 그것이 글쓰기든 그림 그리기
든 간에 시작하기까지 상당한 시간과 마음의 준비가 필요합니다. 게으름과는 또
다른 차원이죠.

공간을 설계할 때에는? 사람에 따라 다를 수는 있겠지만 이 역시 시작할 때 우
리가 갖는 부담감은 상당합니다. 빈 도면을 맞이하는 순간의 공허함! 여기에 무
엇을 넣어야 할까? 이 정도 크기면 적당한가? 첫 시작에는 어려운 부분이 상당히
많습니다. 특히 경험이 많지 않은 초보자들에게는 더 말할 필요가 없겠죠. 그래
서 시작이 반이라고 했을까요?

시작하기 어렵다는 점 외에도 공간 설계에는 또 한 가지 본질적인 어려움이
있습니다. 그건 바로 내가 그린 도면(혹은 스케치, 모형 등)이 실제 완성품이 아니라는
점입니다. 우리가 다루는 공간의 크기는 책상 위나 작업실 내에서 다룰 수 있는
스케일scale이 아니기 때문에 실제 공간을 우리가 다룰 수 있는 스케일로 줄인
도면을 매개로 작업을 하게 됩니다. 바로 이런 과정 때문에 실제 공간과 도면의
차이가 발생하게 되고, 설계자에게는 도면을 통해 '상상한 공간'과 실제로 '보
여지는 공간' 간의 스케일의 차이를 보정할 수 있는 경험과 기술이 필요하게 됩
니다.

이러한 매개체 사용으로 인한 문제는 비단 공간을 다루는 사람들에게만 생기
는 문제는 아닙니다. 일례로 음악 분야에서도 매개체를 사용하곤 합니다. 바로
악보가 그것이죠. 작곡자는 오선지 위에 자신이 상상한 음악을 표기하고, 연주
자에 의해 실제 음악이 들려지게 됩니다. 악보라는 매개를 통해 '상상한 음악'
이 '들리는 음악'으로 바뀌게 되는 것이지요.

매개체를 사용할 때 가장 중요한 점은 실제와 매개체 간의 차이를 얼마만큼
줄일 수 있는가 입니다. 이 차이가 적을수록 좋은 결과를 얻을 수 있는 것은 당연
한 것이겠지요. 음악에서는 이러한 차이를 줄이기 위해서 '시창'과 '청음'이라
는 훈련을 상당히 열심히 하고 있습니다. 시창sight singing이란 악보를 보고 노래

하는 것이고, 청음*ear training*이란 음악을 듣고 악보로 그리는 것을 말합니다. 그러니까 실제 음악과 매개체인 악보를 서로 변환하는 훈련이라고 봐야겠지요. 대학 입학시험에도 들어가는 과목이니 얼마나 열심히 하겠습니까?

그러나 설계 분야에서는 이러한 시장과 청음에 해당하는 훈련, 그러니까 도면과 실제를 비교하는 훈련이 잘 이루어지고 있지 않습니다. 자기가 그린 도면이 실제 공간에 만들어졌을 때 어떤 느낌을 주는지 파악하지 못한 채로 계속 도면만 열심히 그리고 있는 것은 아닌지 한번 생각해 볼 필요가 있습니다. 우연히 첫 아르바이트 때 그렸던 도면대로 만들어진 공간을 만난 적이 있었습니다. 무척 반갑기도 하고 신기하기도 하고. 또 한편으로는 내가 그린 도면이 이런 느낌이 되리라곤 상상하지 못했던 터라 당황스럽기도 했습니다. 아! 우리가, 아니 적어도 내가 훈련이 잘 안되어 있었구나!

서울숲 바닥분수

궁리를 좀 해 보았습니다. 어떤 방법이 이런 간극을 줄일 수 있는 효율적인 훈련 방법일까요? 혹시 실제 공간을 직접 방문해서 분위기를 느끼고, 각 공간의 크기를 확인하고, 이런 느낌을 도면과 비교하는 훈련을 반복하다 보면 이러한 공간감이 조금씩 나아지지 않을까요? 혹은 그 반대 순서로 여러 번 연습하면 조금씩이라도 좋아지지 않을까요? 시작이 반이라고 했으니 일단 시작을 해보지요.

우선 대상 공간이 필요합니다. 여러분들이 한번쯤은 가봤을 법한 공간 중에서 찾아보겠습니다. 너무 크지 않아서 하나의 공간으로 느껴질 만한 공간이면 좋겠고, 사람들이 많이 찾고 좋아하는 공간이면 더 좋겠네요. 서울숲[1]이라면 어떨까요? 그 중에서도 입구 쪽에 있는 바닥분수는? 여름철 아이들의 천국이라 할 만한 이 공간이면 꽤 적당한 장소가 될 것 같습니다. 자, 그럼 이제 시작을 해 봅시다. 혹시 아직 가보지 못한 분들도 계신가요? 그렇다면 지금 당장 서울숲 바닥분수를 방문해 보세요. 물론 이 글을 다 읽고 말이지요.

서울숲 바닥분수는 서울숲광장 바로 옆에 위치해 있습니다. 원래 서울숲광장은 입구광장의 역할을 하여야 하는 곳인데, 현재는 마주보고 있는 역세권 시설

공사로 아직 좀 어수선한 분위기입니다. 바닥분수가 있는 공간은 동서방향으로는 개방되어 잔디광장, 조각공원, 군마상 등 주변과 연계되어 있고, 남북방향으로는 수목에 의해 둘러싸여 있습니다. 개방된 동서방향으로도 바닥포장이 바뀌고 공처럼 생긴 볼라드로 어느 정도 한정된 느낌이 들기도 합니다. 그렇지만 시선을 조금만 높여 보면 동쪽으로는 군마상[2]이 있고요, 서쪽으로는 야외환경조각정원과 뚝섬문화마당인 잔디광장, 그리고 멀리 보이는 응봉산과 응봉정까지 시야가 열려 있습니다. 물론 분수가 가동되는 시간에는 멀리 보이는 경치를 감상하는 사람은 거의 없습니다만.

바닥분수의 규모

그럼 슬슬 바닥분수의 크기를 살펴볼까요? 우선 바닥분수의 크기부터 알아보지요. 이 바닥분수는 바닥 포장면을 기준으로 27.6 × 27.6m 정도 되는 규모인데요, 사람들이 없을 때에는 한쪽 구석에서 이야기하는 소리를 다른 쪽 끝에서도

응봉산까지 시야가 열려 있는 서울숲 바닥분수의 모습. 여름철 바닥분수의 인기는 하늘로 치솟는 분수 물길만큼이나 높다.

13.3M 27.6M 27.6M 13.3M 60cm

바닥분수의 크기는 13.3×13.3m이고 주변 공간까지 포함하면 27.6×27.6m의 규모이다.

들을 수 있는 아담한 규모입니다. 아침에 방문한 바닥분수는 이곳에 그렇게 많은 사람들이 있었나 싶을 정도로 분수가 가동될 때와는 사뭇 다른 분위기를 보여주고 있네요.

바닥분수의 북측과 남측으로는 느티나무가 식재되어 있습니다. 도면상에서는 H4.5×R30 규격으로 남북 양측으로 5주씩, 모두 10주의 느티나무가 설계되어 있는데, 실제로는 수고가 약 7m 정도로 자라 있고 동서방향으로 6주가 더 식재되어 있습니다. 남북방향으로는 인접한 느티나무 뒤쪽으로 겹겹이 느티나무가 식재되어 있어서 바닥분수에서 바라볼 때에는 개별적인 수목이라기보다는 숲처럼 풍성하게 느껴져서 위요감을 더해주고 있습니다.

물이 솟구치는 분수 부분은 T60×596×596mm의 화강석이 바닥분수의 상징과도 같은 체스판 무늬로 깔려 있는데 크기는 약 13×13m입니다. 체스판 무늬는 바닥분수에 너무 반복적으로 사용해서 좀 식상하다는 느낌이 들기도 합니다만, 하여간. 검은 색 판석에 분수 노즐이 가로, 세로 10개씩 모두 100개가 설

약 7M

바닥분수의 주변에는 수고 약 7m의 느티나무가 식재되어 있어서 위요감을 만들어 주고 있다.

치되어 있지요.

체스판 무늬 외부로 약 7m 정도는 회색계열의 T30×600×400mm, T30×400×300mm의 화강석 판석이 설치되어 있고, 다시 판석 외부에는 T90×90×90mm의 사고석 포장이 설치되어 있습니다. 사고석이 설치된 부분에는 사고석 사이로 유입식물들이 자라 나와서 전체적인 회색 느낌에 변화를 주고 있습니다. 보는 시각에 따라서 좀 관리가 안 된 지저분한 모습일 수도 있습니다만, 개인적으로는 녹색 느낌으로 변화를 주는 것도 좋아 보이네요. 바닥분수 공간에 사용된 석재는 모두 버너구이 마감을 하고 있습니다. 물에 항상 노출되는 특성상 미끄럼을 방지해야 하기 때문이겠지요.

느티나무 바로 앞쪽으로는 연식 벤치가 설치되어 있습니다. 높이 30cm와 폭 40cm의 노출콘크리트 위에 높이 10cm 정도의 목재 앉음판이 4개 연결된 구조입니다. 깔끔한 느낌은 아니지만 바닥분수의 석재바닥재와 잘 조화되고 있다는 느낌을 주고 있습니다. 분수가 가동될 때에는 분수 안에서 뛰어 노는 아이들의

← 사고석 사이로 자라난 유입식물들이 회색 공간에 변화를 주고 있다.

↑ 바닥분수를 구성하는 판석 모듈의 모습. 약 59.6cm 를 기본으로 한 정사각형에 미끄럼 방지를 위한 버너구 이로 마감되어 있다.

바닥분수 주변의 연식 벤치의 모습. 높이 30cm, 폭 40cm의 콘크리트 구조체 위에 두께 10cm의 목재가 연결 되어 있다.

부모님들로 가득 차서 앉을 자리가 없을 정도로 인기 있는 시설이기도 하지요.

최근 서울숲 경관에 큰 영향을 주는 변화가 생겼습니다. 공원과 인접해서 약 40층 규모의 오피스텔이 완공되었기 때문이지요. 공원 전 지역에서 보일 정도로 큰 규모이고 바닥분수에서 보면 약 130m 정도 밖에 떨어지지 않은 거리입니다. 랜드마크의 역할도 하게 될 듯하지만, 약간의 위압적인 느낌도 주고 있습니다. 앞으로 역세권 시설부지에 또 다른 고층건물이 들어서게 되면 또 다른

바닥분수 옆에 들어선 오피스텔의 모습. 랜드마크로서의 역할도 기대해 보지만, 위압적인 느낌도 있다.

느낌이 들게 될 것 같구요.

바닥분수가 가동이 되면 이곳은 문자 그대로 생기로 넘쳐납니다. 어린아이들의 웃음소리가 끊이질 않고, 차마 분수 안으로 들어가지 못하는 어른들의 얼굴에도 미소가 가득하지요. 대중적으로 근래 가장 성공한 조경 아이템은 바닥분수가 아닌가 싶습니다.

분수는 30분씩 1일 4회(휴일 6회) 가동되고 있는데, 물이 솟아오른 높이는 낮게는 약 20~30cm 정도에서부터 높게는 약 5~6m 정도까지 다양합니다. 물이 나오는 모습이나 패턴도 예상이 안 될 정도로 다양해서 더 즐거운 것인지 모르겠네요. 한 여름철에는 약 27×27m의 정사각형 공간 내에 약 300여명의 사람들이 바닥분수를 즐깁니다. 약 13×13m의 정사각형 분수 안에서 뛰어 노는 아이

들의 수만도 약 150~200명 정도에 이르고요.

　서울숲 바닥분수를 이해하시는데 조금 도움이 되셨나요? 아마도 혹시 바닥분수를 계획하거나 설계할 때 이러한 수치, 재료, 스케일이 조금이라도 도움이 되지 않을까 기대해 봅니다.

랜드스케일 아키텍처

우리가 흔히 사용하는 스케일scale이란 용어는 규모, 크기, 또는 축척을 나타내는 말입니다. 설계 분야에서는 더 친근하게 삼각축척을 연상하게 하는 말이기도 한데, 다른 분야에서는 다른 뜻으로도 사용되고 있더군요. 예를 들어 물리학에서는 길이보다는 무게를 측정하는 단위나 기구를 뜻하는 용어로, 음악에서는 음계音階를 뜻하는 용어로 사용됩니다. 음계는 음높이 순서대로 된 음의 집합을 말하는 것인데, 곡을 구성하는 음계의 종류에 따라 곡의 분위기가 달라집니다.

　음계에서 사용되고 있는 의미를 빌려오면 설계 분야에서도 스케일의 의미를

약 27×27m의 정사각형에 많게는 동시에 300여명이 물놀이를 즐기고 있다.

조금 확장해 볼 수 있습니다. 단순히 규모나 크기뿐만 아니라 개별 요소들이 조합 되어 하나의 공간을 이룰 때 주는 느낌도 스케일이 갖는 확장된 의미라고 볼 수 있는 것이죠. 공간에 대한 느낌을 갖는 것과 공간구성요소에 대해서 구체적으로 살펴보고 비교하는 훈련을 통해 다양한 느낌의 공간을 구성하는 어휘vocabulary를 늘릴 수 있지 않을까 생각해 봅니다.

저는 앞으로 이러한 연습을 계속 해볼까 생각 중입니다. 우리가 익숙한 공간 에 대한 규모와 분위기에 대해서 정리를 해 나가면 좋을 것 같다는 생각이거든 요. 아마 이러한 작업 결과물이 공간감을 훈련하는데 작은 도움이 될 것을 기대 하면서 말입니다. 그래서 landscape architecture에 대한 landSCALE architect가 될 수 있도록 말이지요.

---

1 서울숲은 서울시 성동구 성수동1가에 위치한 1,156,498m²(약 35만평) 규모의 공원이다. 2003년 설계 공모를 통해 동심원조경기술사사무소의 안이 채택되었으며, 2005년 6월에 개장하였다.
2 이 군마상은 서울숲이 과거 뚝섬경마장이었던 사실을 모르는 사람들에게는 왜 여기 이런 시설이 있는 지 잘 이해가 안 되는 시설 중의 하나이다. 필자의 연구조사 결과에 의하면 41%의 이용자들만이 군마상 의 의미를 이해하고 있었다.

도시 경관 수준의
결정 요인

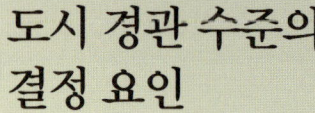

정욱주 _ 서울대학교 조경 · 지역시스템공학부 교수

"과도한 인위적 디자인을 본래의 무위적 상황으로
복원하는 작업이 선행되어야만 좋은 디자인을 구현시킬 수 있는 것이
오늘날 대한민국의 디자인 환경이다."

– 임승빈, "무위조경 – 빼기조경", 월간 『환경과 조경』, 2008년 11월호.

조경 직업병

지난 연말에 지인들과 함께 자전거와 보행이 모두 가능한 구 중앙선 구간을 느릿느릿 산책한 적이 있다. 얼마나 걸었을까. 문득 멀리 보이는 팔당댐 위로 언제 설치되었는지 알 수 없는 곡선 구조물이 눈에 들어왔다. 실제 댐의 구조와 기능과는 크게 상관없을 것 같은 장식재로 보였다. 호불호는 즉시 갈렸다. "저건 또 뭐하는 짓인가…… 제발 좀 그대로 내버려두면 안되나…… 모두들 채우질 못해 안달이라니까."

경관에 대한 이런 구시렁거리기는 나의 습관성 직업병이다. 세상에서 가장 쉬운 일 중 하나가 남의 잘못을 지적하는 것이라고 한다. 가장 쉽다고들 하는 불평하기와 조경가라는 직업이 합을 이루다보니 바깥을 돌아다니다 보면 세상은 온통 지적할 것들뿐이다. 어떤 경치는 너무 과하고, 어떤 풍경은 볼품없고 밋밋하여 아쉽기까지 하다. 주변 경치는 다 좋은데 어느 가옥의 지붕색이 눈에 거슬

팔당댐의 구조물. 영문을 알 수 없었던 이 구조물은 한국수력원자력에서 진행한 조명 디자인 사업이라는 사실을 검색을 통해서 알게 되었다(http://olv.moazine.com/rviewer/index.asp). 매번 되풀이되는 발주처의 드러내기식 강박관념의 전형이라고 생각된다. 팔당댐 주변은 그 풍광이 훌륭하고 이미 관광명소임에도 불구하고, '관광명소 만들기', '볼거리 제공하기', '회사의 이미지 제고'라는 식상한 기치를 내걸고 '솟을대문', '색동저고리', '단청' 등 한국 단골 정서의 과다한 포장을 유발하였다고 판단된다. 여러 의견이 있을 수 있겠지만, 팔당댐을 대상으로 한 조명 프로젝트였다면 보다 본질적인 대상인 댐의 구조물에 집중했어야 했다.

려서 페인트라도 있으면 직접 올라가서 덧칠해버리고 싶은 충동이 들기도 하고, 자세히 보기 전에는 눈에도 안 띄는 트렌치의 디테일을 놓고 크리틱을 늘어놓기도 한다.

혼잣말로 하고 지나가버리는 경우가 대부분이지만 한번은 학부생들과 함께 답사를 갔을 때 습관처럼 한마디를 했다. "저기 보이는 자연석쌓기는 정말 세련됨과는 거리가 멀다. 말이 자연석쌓기지 사실은 질이 떨어지는 발파석을 무더기로 쌓아놓은 것에 불과하다. 발파석쌓기와 회양목, 철쭉의 콤비네이션은 마치 우리나라 조경 양식의 대표선수인 양 행세를 하고 있는데 참으로 안타까운 일이다." 말을 마치고 다시 걷기 시작하는데 한 학생이 조심스레 묻는다. "선생님, 여쭤볼게 있는데요. 사실 저는 그 자연석쌓기가 참 좋아 보이거든요. 선생님은 왜

토목 옹벽보다 식물이라도 자랄 수 있는 자연석(발파석) 석축쌓기가 낫지 않은가 하는 의견도 많다. 하지만 자연석쌓기는 전혀 자연스러워 보이지 않는다는 첫 번째 문제가 있고, 주변이 어떠한 환경이든지 관계없이 획일적으로 처리된다는 점에 더 큰 두 번째 문제가 있다. 재료가 돌이고 제목이 자연석이면 결과물의 퀄리티와 상관없이 막연하게 '자연스럽다'고 관대하게 '인식'되는 것이 가장 큰 문제라고 생각한다.

마음에 안 들어 하시는 거죠?" 뭐라고 대답했는지는 또렷하게 기억나지 않지만, 질문을 받고 잠시 주춤거렸음은 분명히 기억난다.

그저 전문가적 견해로 치부하던 이 쉽고도 일상적인 구시렁거림에 대해 몇 가지 물음표를 붙여볼 필요를 느꼈다. 과연 내 의견은 맞고 그들은 틀렸는가? 맞고 틀리고의 판단 기준은 무엇일까? 아니면 개인의 취향의 문제이기 때문에 정답과 오답을 가릴 필요가 없는 것일까? 그렇다면 경관에 대한 전문가적 판단의 가치는 어디서 찾을 수 있을까? 평소 파편적으로 생각하던 경관 투덜대기에 대한 단상들을 이어가 보기로 한다.

무심코 지나치던 것을 되묻다

궁금증 하나. 왜 허접한 도시 경관은 장소를 불문하고 같은 패턴으로 반복되고, 도시민들에 의해 불만 없이 받아들여지는가? 상업공간에서 벌어지는 간판의 무질서와 혼잡함, 장소를 불문하는 획일적 아파트 군락과 연녹색의 펜스, 도시 경계부에서 벌어지는 적치와 산만함, 도시의 진입부나 주요 도시 구조물의 과함과 부조화, 대여섯 개의 개념으로 중무장한 가로등 디자인 등등은 마치 배후에 가이드라인이라도 존재하는 것 마냥 우리 도시 공간에서 비슷한 양상으로 반복, 확산된다. 오늘날 우리를 둘러싸고 있는 도시 경관의 이유를 체계적으로 연구하지 않은 상태에서는 가설에 불과한 이야기일 수도 있겠지만, 적어도 많은 시민들에게 도시 경관의 퀄리티가 아주 중요한 관심사가 아닌 것은 분명하다. 간판 경관을 예로 들어보자. 공방에서 만들어진 이른바 예술적인 간판이 '타이어! 신발보다 싼 곳'이라는 간판보다 디자인 상 우월하다는 점을 판단 못하는 이는 거의 없다. 하지만 우리 도시 경관의 복잡도는 이미 통제될 수 있는 수준을 넘어버렸고, 예쁘고 다소곳한 간판도 충분히 인지될 수 있다고 기대하기는 힘들어졌다. 따라서 간판을 설치하려는 이들의 선택은 항상 크고 눈에 잘 띄는 도안일 수밖에 없다. 아름다움에 대한 가치보다는 생존에 관한 치열함이 훨씬 거대하다는 점은 부인할 수 없다. 이미 복잡한 도시 경관에 큰 간판 하나 더 없는다고 해서 예민하게 반응할 시민들도 많지 않을 것이다. 먹고 사는 문제 때문에 공공 경관

이미 정보의 포화상태인 도시와 건축의 이미지. 모두들 이런 풍경을 좋아하지는 않지만, 동시에 크게 신경 쓰지도 않는 게 현실이다.

의 시각적 과장과 물리적 점유를 행하는 것을 용인하는 관대한 무관심이 존재한다고 볼 수 있는 것이다. 다들 아무렇지도 않다는데 소수가 목청 높여서 공공 경관의 개선에 대해서 논의한들 전반적인 경관 가치 불감의 분위기는 바뀌지 않을 듯하다.

이어지는 궁금증 둘. 그렇다면 우리는 대대로 경관에 대한 안목이 없거나 무감한 민족이었을까? 나의 답은 '그렇지 않다' 이다. 경관에 대한 수많은 관심, 기록, 구현의 흔적을 보았을 때 경관을 판단하고 구성하는 내공이 분명 상당하였다. 풍수를 꼼꼼히 따지면서 도읍을 정하는 민족이었다. 많은 지식인들이 절경을 구별하는 눈을 가졌으며, 아름다운 글로 승화시켰다. 그리고 그 수준이 수도이든 지방이든 심한 격차를 보이지 않았었다. 헌데 우리 DNA에 내장된 경관에 대한 고유한 안목은 어디로, 어떻게 사라진 것일까? 식민시대와 전쟁을 겪긴 했지만 오랜 역사를 지닌 단일민족이라는 점을 감안한다면 우리의 도시 환경 수준에 대한 공감대가 원활하게 형성되지 않는 점은 의아할 정도이다. 여하튼 어떤 이유로 공공 공간의 안목에 대한 역사의식과 공감대가 행방불명이 되었으니, 삼류경관의 출현을 견제할 근거도 희미해진 것이 아닐까? 역시 가설에 불과하지만 도시 경관의 안목이 실종된 근본적인 원인은 아마도 우리 생활방식의 변화에서 찾아야 되지 않을까 싶다. 지난 두 세대동안 우리가 겪은 모든 변화들을 하나의

병산서원의 정제된 경관. 우리 선조들이 이해하고 있었던 경관의 연출이 지금 시대에 투영될 수 있는 방법은 무엇일까?

빠른 속도의 도시 일상에서는 명도와 채도가 높고, 면적이 넓어야 눈에 띈다. 덕분에 중앙분리대마다 휘황찬란한 꽃들이 애용되고 있다.

키워드로 집약한다면, 그것은 바로 '속도' 일 것이다. 이 속도 덕에 우리는 전쟁의 상처를 극복하고 현재의 생활 수준에 이르렀다. 다 아는 이야기니까 각설하고 본론으로 돌아오자면, 우리는 빠르게 길을 재촉하면서 주변을 자세히 보지 않게 되었다. 어쩌면 빠른 속도 때문에 볼 수 없었을 지도 모른다. 이런 배경에서 무조건 보여야 된다는 강박적 행위는 상인과 정치인들로 하여금 자극적인 전략을 택하도록 하였다. 자세히 보지 않는다는 점을 악용하여 싸구려 날림 조성이 편승하였다. 이런 생활방식과 조성방식이 반복, 교차되면서 우리 도시는 지금의 모습을 이루게 되었다. 우리는 이런 환경에 익숙해졌고, 점점 더 작고 세심한 아름다움보다는 크고 화려함에 눈길을 주게 되었다고 짐작해본다. 결국 도시민들은 허접한 도시 경관을 보고도 참는 것이 아니라, 그것이 보이지 않는 것이다. 보이지 않으니 문제가 될 소지도 없다.

마지막 궁금증 셋. 호화 논쟁을 불러일으켰던 성남시청사처럼 평소에는 무감하던 시민들도 도시 경관에 대해 가끔 집단적으로 예민하게 반응하는 경우는 어떻게 이해해야 할까? 작년에 방문했던 런던시청사는 기존 유럽의 시청사들에 비하면 매우 파격적이었다. 국내 포털사이트의 블로그에 올라온 글들을 검색해 보면 거의 칭찬 일색이다. 우리 시청도 이랬으면 하고 부러워하기도 한다. 디자인도 명품이거니와 커튼월글래스를 써서 채광에 유리한 친환경 건축이라고 소개하고 있다. (정치적인 견해는 배제하고) 성남시청사로 시선을 옮겨보자. 성남시청사의 별명은 호화찜통이다. 명품이라는 지칭은 준공 전 기사에서는 간혹 검색되지만 준공 후에는 호화라는 말로 대체되었다. 공교롭게도 성남시청사의 외장에는 런던시청사와 같은 커튼월글래스 기법이 사용되었는데, 거의 모든 언론에서는 커튼월글래스의 사용 때문에 여름에는 덥고 겨울에 춥다고 성토하고 있다. 하지만 노먼 포스터가 성남시청사를 런던시청사와 유사한 방식과 기법으로 디자인했다면 호화찜통이 아니고 명품으로 인정받았을까? 시민들의 원성을 샀던

런던시청사를 비롯한 커튼월글래스 건축물 전경. 어떤 건물은 호화찜통이고, 어떤 건물은 도시 이미지를 상승시켜주는 명품건축으로 인식되는 객관적인 판단 기준은 무엇일까? 디자이너의 명성? 디자인의 규모? 시민과 전문가의 선호도?

가장 큰 이유는 3200억 원의 엄청난 조성 비용이 알려지면서일 것이다. 외국 경관의 그림 같은 이미지를 동경하면서도 동시에 경관 조성에 관한 투자와 비용에 대해서는 일단 인색하고 보는 우리의 모습이 비춰진 경우라고 생각된다. 보여지고 돋보이고 싶어하는 행정가의 삭선은 일차적으로 성공을 거뒀지만, 헌법보다 위에 있다는 정서법의 된서리를 맞았다. 개인적인 의견이지만 도시 상황에서는 아무리 큰 돈이 투자되었더라도 그 값어치만 할 수 있다면 문제없다는 생각을 가지고 있다. 성남시청사가 3200억 원짜리 가치를 하고 있는지는 잘 모르겠지만, 성남시에 세금을 내는 도시민에게 그 금액은 수용의 수준을 넘은 것으로 판단된다.

세 가지 궁금증과 이에 대한 가설을 통해서 경관과 구성원들의 관계 속에서 우리 도시 경관의 몇 가지 이유를 유추해볼 수 있을지 모르겠다.

우리 도시 경관의 몇 가지 이유

우리의 자연 경관은 한반도의 지형과 기후가 빚어낸 결과물이다. 정확한 표현은 아니지만 (인간의 개입이 거의 없이) 저절로 형성된 것이라고 볼 수 있다. 하지만 도시 경관의 형성은 온전히 인간의 역할이 지배적이다. 그간 우리 도시 경관에 대한 관심과 평가는 집합주거, 가로, 오픈스페이스, 가로시설물이나 간판의 이미지 등 물리적이거나 정량적인 결과물에 집중되어 있었다. 하지만 우리 경관 현상을 본질적으로 이해하기 위해서는 도시의 주체인 일반 도시민의 경관 인식을 추적해 볼 필요가 있다. 앞에서 기술한 도시민과 경관의 관련성을 토대로 우리 도시 경관의 이유와 배경을 정리해보고자 한다.

첫째는 경관에 대한 대중의 무관심 혹은 무감각이다. 앞서 밝혔듯이 초고속의 생활방식은 내 주변을 관찰할 수 있는 여유를 허용하지 않았고, 여유 없는 삶은 경관에의 무감함으로 이어졌다. 또한 나에게 직접적인 피해가 오지 않는다면, 혹은 내가 남에게 큰 피해를 주지 않는다면 쉽사리 허용되는 경우도 많다. 이는 반복되는 삼류 공간의 발생 배경이기도 하다. 공공재의 가치 창출에 대한 필요가 모두에게 절실하지 않는 한 대중의 마음을 움직이기는 쉽지 않아 보인다.

서울을 벗어나는 경계의 경관이 그리 아름답지는 않아도 내가 그것을 볼 수 없든가, 그것이 나에게 해롭지는 않다는 생각은 허접한 경관을 묵인하는 주된 배경일 것이다.

둘째는 첫째와 좀 반대의 경우인데 경관 조성 주체에 대한 대중이 느끼는 박탈감과 그 방어행위가 그것이다. 나와 관계가 없는 경관에 대해서는 무감하지만 성남시청사나 한강르네상스계획의 경우에서 보듯이 내가 설정한 수용의 한계를 넘어버리거나(세금 사용 등과 관련하여), 박탈감이 느껴지면 대상을 통해서 격한 반응을 표출하게 된다. 시민과 조성 주체 사이의 소통 부재 혹은 불신의 현장에서 벌어지는 상황이며, 시민을 경관의 소외자 및 피해자로 인식시키게 된다.

셋째는 경관 조성 주체의 무성의이다. 앞서 기술한 것처럼 도시민 대다수가 도시의 외관을 바꾸는 일을 예민하게 견제하는 분위기는 찾기 어렵다. 시민들에게 직접적으로 피해를 주거나, 세금 사용에 대한 무리수를 두지 않는다면 큰 방해꾼들은 없는 편이다. 경관계획이 전문가에 의해서 수행되고 있지만, 관성적인 방식으로 유사한 보고서를 양산하고 있다. 실제 시민들을 대표해서 공공 경관을 형성하는 역할을 하는 관은 도시 경관에 대한 안목 수준과 공감대를 형성하고자 하는 진정성 있는 노력을 뒤로 한 채 피상적인 행보만 펼치며 껍데기 명품을 추구하고 업적치레를 하고 있다. 공공 경관의 해당 공무원과 수행 업체의 안목은 견제를 받지 않은 채 고스란히 우리 경관의 수준으로 이어진다. 담당자의 유치한 안목이나 무성의함은 그대로 구현되어, 보고 싶지 않은 것을 보지 않을 우리의 권리가 침해당하게 되는 것이다.

도시 경관의 주체는 사람이다

짧게 생각하고 쓴 이 글을 통해서 대중과 전문가, 행정을 향한 불평의 시위를 당길 의도는 전혀 없다. 더 높은 가치의 경관을 얻기 위해서 우리가 다뤄야하는 물리적 대상도 중요하지만, 경관 인식의 주체인 '사람'들(의 인식)에 대한 심층적인 이해가 더 필요하다는 소결에 이르고 싶었다. 아직은 가정 수준인 우리 도시 경관의 이유에 대한 분석도 보다 체계적으로 접근해보고 싶은 욕구도 생겨난다.

맨해튼의 평범한 가로에서 발견한 집주인의 자그마한 터치가 가로
분위기를 업그레이드 시켰다고 생각한다면 과장일까?

조경가인 우리에게 부여된 가장 중요한 숙제 중 하나는 공공재인 우리의 경관 가치를 이떻게 상승시킬 수 있는 지에 대한 해법을 찾는 것이다. 장소뿐 아니라 우리 집단의식의 고찰을 통해 전문가 뿐 아니라 시민들의 공감을 끌어내는 경관의 업그레이드를 이룰 필요가 있다. 전문가만의 리그에서 관중 호응도 없는 경기를 치르는 것은 수준 높은 플레이의 동기 부여를 상쇄시킬 뿐이다.

팔당댐의 구조물과 발파석쌓기로 돌아오자. 순간 튀어나온 말 속에는 댐과 같은 인프라스트럭처는 구조와 기능 자체가 아름다움인데 장식재가 첨부되어 본질적인 미를 방해하고 있다는 전문가적 견해와 명품을 추구하면서도 싸구려 방식으로 귀결되어 세금만 축내고 있는 모순적 경관에 대한 불만과 아쉬움이 내포되어 있었다. 발파석쌓기가 경관적으로 보면 낮은 수준의 경사면 처리방식이라는 생각에는 변함이 없지만, 경관의 가장 큰 이용자이자 수혜인인 일반 시민들과 함께 더 높은 수준의 방식을 추구해야 한다는 필요성에 대해서 어떠한 공감대도 형성하지 못했다. 공감대는커녕, 아무도 신경 쓰지 않거나, 밋밋하던 구조물에 아름다운 곡선이 추가되어 경관이 많이 개선되었다고 느끼거나, 발파석쌓기의 철쭉이 만개하면 환호하는 시민들이 더 많을지 모른다. 결국 경관 수준의 결정요인도 사람이고 우리 분야의 전문성과 가치를 부여해주는 이도 또한 동일한 사람들이니, 우리 경관의 긍정적인 변화를 위해서는 이 수수께끼 같은 사람들의 가치관을 고찰하고 소통을 시작할 필요가 있지 않을까?

지금은 요원한 것 같지만 패러다임의 전환은 반드시 당도할 것이다. 다시 한 번 '속도'에서 그 단서를 찾고자 한다. 브레이크 없이 고속으로만 주행하던 생활방식은 점차적으로 속도를 늦추고 느린 가치를 추구하는 방식으로 전환될 것이라는 전망이 논의되고 있다. 빠른 속도에서 인식될 수 있는 공공 경관은 대규모이고 화려함에 치중한다. 서울을 도배하는 봄철의 벚꽃과 철쭉, 가을철의 은행나무 등이 그 예가 될 수 있다. 도시에서 계속 살고 있었지만 느린 관찰의 부족으로 잘 포착되지 않던 봄철의 제비꽃과 앵초, 가을철의 용담과 쑥부쟁이가 눈에 들어오면서, 작은 아름다움을 즐길 수 있는 여유와 분위기가 전반적으로 형성된다면 우리 도시 경관은 개선의 가능성을 활짝 열어둔 것이라고 할 수 있을 것이다.

EnergyScape:
도시에서 열(熱)
받을 일 없기를 바라며

이춘석 _ 경남과학기술대학교 조경학과 교수

"도시환경에서 조경의 역할은
자연과 인공물의 조화를 통하여 건강하고
환경친화적인 도시를 만들고, 사회적 교류를
활성화시켜 쾌적하고 인간적인 도시사회를
이룩하며, 도시의 정체성 확립을 통하여
개성 있고 아름다운 도시를 건설하는 것이다."

– 임승빈, 『조경이 만드는 도시』,
  서울대학교 출판부, 2005.

건축으로서의 도시

2011년 6월 29일자 조선일보에는 건축가들을 대상으로 한 설문조사를 통해 '한국을 대표하는 건축물'을 선정하여 발표한 기사가 게재되었다. 최고의 건축물에 선유도공원이 선정되었고 최악의 건축물에 광화문광장과 청계천이 포함되어 있었다.

기사의 내용에 대체적으로 동감을 하면서도 공원과 광장에 대한 평가에 대해서는 조경분야에 종사하는 한사람으로서 뭔지 모를 불쾌감을 느꼈다. 우선은 도시의 공원과 광장을 건축물로 인식한다는 시각에 대한 불쾌감이었고, 나아가 최근 조경분야의 대표적인 작품들이 최악의 평가를 받았다는 점, 그것도 '건축가가 참여하지 않았기 때문에 문제 있다'라는 것이 이유라는 점에서 충격을 받았다. 왜 이런 인식이 발생했을까? 단순히 기자의 무지함을 탓하거나 건축가들의 편협함만을 탓하기에는 뭔가 찜찜한 부분이 남는다. 혹시라도 이들 공간의 이용자라면 누구나 느낄 수 있는 민감한 사항을 설계자 또는 조성에 관여했던 이들이 잊었거나 설계 과정에서 등한시 한 것은 아닌지 그래서 이용자라면 누구나 불편한 뭔가를 느끼도록 조성된 것은 아닌지 하는 의구심을 품으면서, 필자는 좀 다른 시각에서 이들 공간을 바라보고자 한다.

네덜란드의 조경가 산드라Sandra Lenzholzer는 자신이 설계에 참여했던 도시 광장과 최근에 세계적으로 주목받고 있는 현대적인 광장들에 대해서 실제 이용자들의 비난과 원성이 끊이지 않는다는 사실을 접하게 되면서 무엇이 광장 이용자들을 불편하게 만드는 것인가에 대한 분석을 한 적이 있다. 네덜란드 로테르담의 대표적인 광장들을 대상으로 역사적인 공간 구성 변화와 이용자의 현장 심층 인터뷰 등 현상학적인 분석을 통해서 최근에 새롭게 조성된 광장과 공원들은 공통적으로 이용자에 대한 고민과 배려가 부족했다는 점을 발견하는데, 특히 전통적으로는 인간의 오감으로 분류되지 않았던 열감thermal sensitivity 또는 열쾌적성thermal comfort의 훼손을 그 주된 원인 중 하나로 주목하고 있다. 그녀는 최근의 도시 옥외공간에 대한 이용자의 불만이 발생하는 요인으로 '지나친 개방감', '딱딱한 포장', '차갑고 화려한 채색', '지나치게 정교한 스트리트 퍼니처' 등을 들

로테르담의 쇼우부르흐플레인(Schouwburgplein). 디자인 의도나 시공간감 뭐 이런 것보다 개인적으로 가장 먼저 느꼈던 감정은 "우와 뜨겁다" 는 것이었다. 내가 너무 무식한가?

고 있다. 이러한 요인들은 주로 '도시를 하나의 건물' 로 인식하려는 건축가들의 접근 방식에 기인하는 것으로 해석하고 있는데, 개별 건축물을 각각의 독립된 기능이 있는 방으로 그외 옥외공간은 단순 연결 통로 또는 빈 공간void space, 즉 도시의 복도나 거실 또는 극장, 무대 등으로 인식하는 것과 무관하지 않다는 것이다. 결과적으로 도시 광장은 주변 건축물의 배경 또는 전경 역할에 맞추어 설계됨으로써 딱딱한 인공적인 소재가 과도하게 적용되고, 원색의 차갑고 화려한 색상이 공간의 시각적 지배 요소가 되었으며, 내구성과 기능성보다는 시각적 요소로 의도된 스트리트 퍼니처가 설치됨으로써 총체적으로 옥외공간에서의 이용자의 활동을 제약하는 요소로 작용하게 된 것으로 보고 있다.

그 중에서도 옥외공간을 비워두는 공간으로 보는 시각에서 비롯된 광장의 개방감은 실제 이용자들에게는 불쾌한 경험을 유발하고 심지어 광장혐오증agoraphobia까지 이르게 하는 대표적인 요인으로 지목되고 있다. 광장의 지나친 개방감은 축제나 집회, 일시적 방문 등의 경우에는 아무런 문제가 되지 않지만, 평상시 일상적으로 광장을 찾는 사람들에게는 이용을 기피하게 하는 민감한 이유

로테르담의 마켓 스퀘어(Market Square) 입구의 블락(Blaak)역 광장. 노천시장으로 사용되는 곳인데, 열 쾌적성 측면에서 높은 점수를 줄 수는 없을 것 같다.

로 작용한다는 것이다. 또한, 광장에 대한 이용자의 불만에는 지나친 개방감에 따른 프라이버시 부재와 함께 이용자들이 체감하는 신체적 불쾌감, 특히 일사와 습도, 바람 등의 자연현상에 따른 생리적 불쾌감이 대부분을 차지하는 것으로 나타났다고 한다.

최근의 건축물들은 기술 발전에 힘입어 각종 천재지변에 대한 안전성과 함께 뜨거운 태양광이나 차가운 바람 등의 쾌적하지 않은 자연요소를 배제하고, 에어컨이나 보일러 등을 이용하여 인위

로테르담의 빌헬르미나플레인(Wihelminplein)역 광장. 대표적인 건축으로서의 광장?

적으로 환경을 조절하는 것을 기본전제로 깔고 있다. 그러나 옥외공간에서 이러한 요소들은 인간이 직접적으로 통제하거나 조절할 수 없는 경우가 대부분이다. 결과적으로 건축지향적인 시각으로 설계된 옥외공간의 경우 시각적 · 기능적으로 매우 우수하다고 할지라도 실내공간에서 기본적으로 충족되고 있는 인간의 생리적 쾌적성이 쉽게 간과되어버리는 경향을 보이고 있다.

조경으로서의 도시

전통적으로 부정적인 자연환경을 인위적으로 배제하는 방향으로 발전해온 것이 건축이라면 이로 인해 의도하지 않게 배제된 긍정적인 자연환경을 적극적으로 이용하기 위한 방향으로 발전해온 것이 조경이라 할 수 있다. 도시화 과정에서 건축에 의해서 배제된 긍정적인 가치의 복구, 특히 자연과 인간의 관계에 대한 긍정적 인식에서 출발한 조경은 주어진 자연환경의 조건을 최대한 반영하여 인간에게 긍정적인 방향으로 이용하는 것을 기본 전제로 하여 왔으며, 조경계획 및 설계 과정 또한 이를 기반으로 하고 있다.

서울 정동의 배재공원. 소박하다. 그러나 편안하다.

이러한 가치관에 기반한 조경분야의 다양한 노력에 힘입어 우리나라의 도시에서도 공원과 녹지가 괄목할 만한 수준으로 확충이 되고 있고, 하천복원과 비오톱 조성, 옥상녹화 등 일명 친환경적으로 도시를 가꾸려는 노력이 보편화되는 단계에까지 도달한 것으로 생각된다.

　그러나, 도시 옥외공간의 질적인 부분에 있어서는 아직은 아쉬움과 고민의 여지가 많이 남아 있다. 최근의 건축물로 오해받는 도시공간의 설계 및 조성사례를 접하면서 조경 계획 및 설계 과정의 기본적인 고려사항들을 다시 한번 되새겨 볼 때가 되었음을 절감한다. 그 중에서도 가장 중요한 것이 이용자에 대한 고민이다. 지금까지의 도시의 조경 계획 및 설계에서 사람과 관련해서 주된 관심을 가져왔던 부분이 시지각에 근거한 도시 경관이었다면, 이제는 인간의 생리적 현상에 근거한 쾌적성에도 관심을 둘 때가 된 것 같다.

　인간이 무엇을 인지하고 느끼는 감각으로 흔히 시각, 청각, 촉각, 후각, 미각 등 오감이 이야기된다. 이중에서도 공간의 지각과 관련된 가장 중요한 감각이 시각임에는 틀림없을 것이다. 여기에 청각과 후각, 촉각의 종합적 판단이 더해져서

도시 광장에서 나무 그늘은 사막의 오아시스와 같다(일본 동경 오다이바).

시골 마을에서 흔히 접하는 이런 모습이 도시에서는 도저히 불가능한 것일까?

해당 공간의 느낌이 형성되고, 과거의 경험과 지식에 의해서 해당 공간에서 느끼는 분위기^{atmosphere}가 완성된다고 할 수 있다. 그러나 생리적 측면에서의 공간인지에 가장 민감하게 작용하면서도 흔히 망각되는 감각이 열감^{thermal sensitivity}인 것 같다. 냉난방기가 발달한 현대 도시에서 일과 중 거의 대부분을 냉난방된 방과 자동차 내부에서 생활하는 도시민의 경우 한여름 또는 한겨울 갑자기 옥외로 나왔을 때 겪는 환경 변화 중 가장 심각하게 느끼는 점이 바로 이 부분일 것이다.

겨울 차가운 북서풍이 부는 곳에는 방풍식재를 하고 여름철 시원한 산들바람은 적극적으로 끌어들이는 설계를 해야 하고, 서향의 뜨거운 햇볕을 막기 위해서는 수목으로 적절하게 스크린을 형성해야 한다는 것이 조경 설계의 기본 중에 기본이었다. 그런데, 요즘 들어 조성되는 도시 옥외공간에서는 왜 이런 기본적인 사항이 간과되는 것일까?아마도 유한의 실내환경을 통제하는데 익숙한 건축과는 달리 옥외공간의 환경은 인간의 통제 범위를 벗어나 있는 자연 그대로의 것이라는 점과 이를 통제하기보다 수동적으로 이용하는데 익숙한 조경의 인식 차이, 그럼에도 불구하고 시각적 파격과 이미지를 중시하는 최근의 설계 시장의 현실 등이 복합적으로 작용한 것은 아닐까 유추해 본다. 그러면서도 한편으로는 지금까지 이러한 옥외공간의 열환경을 객관적으로 파악 및 분석해서 이해할 수 있는 구체적인 수단과 도구가 부족했다는 점도 주된 이유였을 것이라고 위안을 삼아본다.

생리적 열쾌적성

호주 기상청이 정리한 자료에 따르면, 인간이 느끼는 열감 또는 열쾌적감은 환경적 요인과 인간적 요인에 의해서 영향을 받는다. 환경적 요인으로는 기류 airflow(wind)와 기온air temperature, 대기습도air humidity, 태양이나 뜨거운 물체로부터의 복사radiation 등 네 가지가 있으며, 인간적 요인에는 의복과 육체적 활동의 강도가 영향을 미치는 것으로 해석하고 있다. 한편, 열을 감지하는 정도는 지역에 따른 인체의 적응도에 의해서도 영향을 받는데, 뜨거운 기후 조건에서 생활하는 사람은 보다 추운 기후 조건에서 생활하는 사람들보다 높은 온도에서 쾌적함을

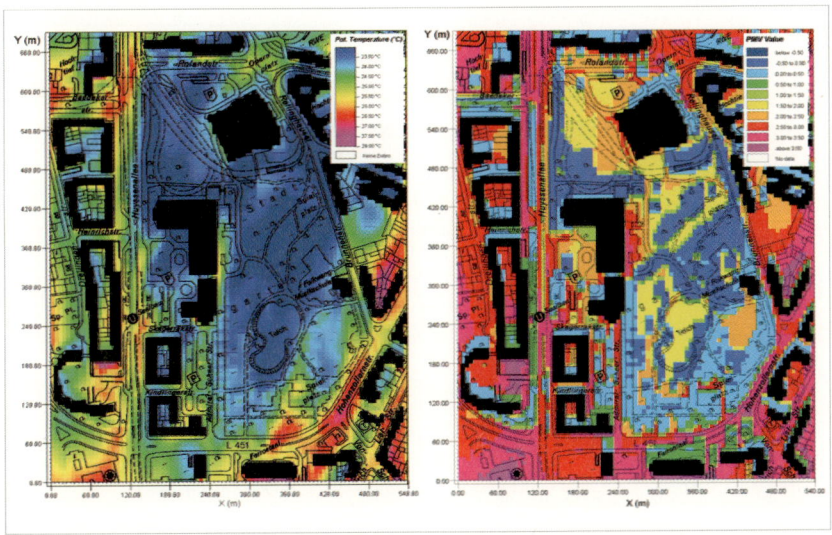

도시 공원 주변의 열환경 분석 사례(독일 에센(Essen) 시의 슈타트가르텐(Stadtgarten), 좌: 오후 4시의 기온, 우: 오후 2시의 PMV, 출처: http://www.envi-met.org/service/pics/8_TPark2m1600.zip 재편집 ⓒ by Michael Bruse)

느끼는 경향이 있으며, 서구의 사람에 비해서 우리나라와 같은 동양계 사람들이 태양광에 민감하게 반응하는 경향이 있는 것으로 설명하고 있다.

인간의 생리적 열감을 객관적으로 나타내기 위한 수단으로 1905년 홀데인 Haldane이 습구온도를 제시한 이래 세계적으로 약 40종류 이상의 열쾌적성 지수가 제안되고 적용되어 왔는데, 대표적인 지수로는 여름철 온도와 습도의 관계를 기준으로 계산되는 불쾌지수 DI, 겨울철에 풍속과 온도를 중심으로 계산되는 체감온도 WCT, 군사 활동과 노동 및 스포츠 활동의 기준이 되어 왔던 WBGT, 다양한 환경 조건에서 인간이 느끼는 주관적 열감각을 지수로 나타낸 PMV 또는 PPD, 인간의 열감각에 영향을 미치는 물리적 변수와 생리적 반응을 종합적인 지수로 나타낸 PET 등이 있으며,[1] 환경의 물리적 열환경 특성뿐만 아니라 인간의 생리적 반응 특성도 고려했다는 점 때문에 최근에는 PMV와 PET가 가장 주목받고 있다. 한편, 2005년부터는 인간이 체감하는 열환경을 규정하기 위한 국제표준이 제정되어 적용되고 있으며, 열환경에 영향을 미치는 인자들을 구체적으로 측정하는 세부적인 기준도 마련되어 적용되고 있다. 또한, 향후 조성될 옥외공간의 열분포 특성을 사전에 모델링할 수 있는 컴퓨터 시뮬레이션 프로그램도 개발되고 있는 상황이다.

EnergyScape, 도시의 열환경 개선을 위한 조경

그동안 조경분야의 연구에서는 주로 거시적인 측면에서의 도시기후meso-climate 변화에 많은 관심을 가져 왔는데, 도시지역에서 녹지의 양과 녹피율이 증가하면 하절기 도시지역의 온도를 저감시키는 효과가 높아지며, 특히 도시 외곽의 숲속은 하절기 직사광선의 차단과 식물의 증발산을 통하여 주변 인공지역에 비해 현저히 낮은 공기층을 형성함으로써 대류를 통해 주변 도심지역의 온도를 낮추는 기능을 하는 것 등이 파악되고 있다.

반면에 소규모 도시 옥외공간에서의 미기후micro-climate에 대해서는 주로 기상학자들에 의한 연구결과들이 발표되고 있는데 그 내용이 조경가의 입장에서는 사뭇 흥미롭다. 대표적으로 도시 옥외공간에서 이용자가 느끼는 열쾌적성에 있어서 복사에너지와 바람의 영향이 가장 중요하며, 이를 조절할 수 있는 수단으로 현재로서는 가로수 또는 녹음수를 대체할 만한 것이 없다는 것이다.

단순히 기온air temperature만을 가지고 여름철 도심에서 가로수 유무에 따라서 사람이 느끼는 열감의 차이를 설명하기는 어렵다.[2] 그래서 열쾌적성을 연구하는 학자들은 이를 대체하기 위한 수단으로 평균복사온도Mean Radiant Temperature[3]의 개념을 적용하고 있는데, 마자라키스Matzarakis 등이 유럽과 지중해 연안의 여러 조건의 도심지를 조사한 결과 가로수 유무에 따라서 하절기에 무려 15℃까지 차이가 발생했다고 한다.

거창하게 이야기하다보니 결국은 조경에서는 상식으로 통하는 이야기로 귀결되어 버렸다. 다시 처음 이야기로 돌아가서 건축가들이 최상으로 평가했다는 선유도공원의 경우 설계 의도와는 상관없이 공원의 구조와 배치가 이용자가 느끼기에 상대적으로 쾌적한 열환경을 제공하고 있는 것은 아닌지? 반면에 광화문광장의 경우 시각적 파격성과는 달리 직감적으로는 불쾌한 열감각이 느껴지도록 구성된 것은 아닌지? 조심스럽게 의문을 품어보면서, 아직 구체적인 수치로 제시할 수 있는 단계는 아니지만, 그동안 여러 문헌 고찰과 몇 가지 실험 결과를 근거로 도심 옥외공간의 열환경 개선을 위해 필요하다고 느껴지는 사항을 간략히 정리하면서 이글을 마치고자 한다.

1. 옥외공간의 열쾌적성 확보를 위해서 가장 중요한 것은 태양광의 차광과 투광 조절이다. 이를 위해서 다양한 방법이 연구되어야 하겠지만, 전통적으로나 현실적으로나 녹음수 이용이 가장 합리적이다. 도시 옥외공간에 적용되는 식생의 경우 지피식물이나 관목보다는 지하고가 높은 낙엽활엽교목이 바람직하다. 수목은 단독목으로 식재하는 것보다 수림이 형성되도록 배치하는 것이 좋으며, 최소한 선형의 병목림 형태로 구성하는 것이 바람직하다.

2. 하절기 녹음수림 하부는 도심에서 냉각기 역할을 하여, 주변지역의 온도를 국지적으로 저하시키는 효과와 통풍을 촉진시키는 역할을 할 수 있다. 따라서 도시 전체적으로는 주변의 자연녹지와 공원 등의 수림과 벨트를 형성하여

연계시키는 것이 바람직하다.

3. 그림자시설은 장파복사와 자외선 등 일사 차단 정도를 면밀히 검토해야 하며, 열복사와 자외선을 최대한 차단할 수 있는 소재로 천정 구조를 형성하는 것이 바람직하나. 또한 휴식 시설은 고정식보다는 이동이 가능하도록 하여 그림자와 바람의 상태에 따라서 유기적으로 위치 조절이 가능하도록 하는 것이 바람직하다.

4. 도시의 옥외공간에서는 바람의 조절이 매우 중요하다. 겨울의 찬바람이 인체에 직접 접촉되지 않도록 지형, 식재, 시설물 등으로 조절하고, 여름철의 시원

독일 함부르크의 플란텐 운 블로멘(Planten&Blomen) 공원. 거창한 현대적 디자인 이론은 없어도 물과 숲, 그늘과 꽃, 쉼이 자연스럽게 어우러진 곳. 조경이 지향해온 전형적인 도시 옥외공간의 모습이 이런 것은 아닐지?

한 바람은 통풍이 원활할 수 있도록 지형과 식재, 시설물 등이 고려되어야 한다. 우리나라와 같이 동절기와 하절기의 기후 차이가 극명한 경우 통풍을 조절할 수 있는 가변형 구조물의 도입도 검토할 필요가 있다.

5. 연못과 계류 등의 수체계를 적극적으로 도입하고, 포장재의 경우 열전도성이 높은 소재보다는 다공질의 자연 소재로, 가급적이면 식물 소재가 바람직하다.

6. 결국 가장 중요한 사항은 설계 대상지의 미기후 특성을 사전에 충분하게 파악하여 설계에 반영하는 것이다.

PS. 여름철에 쿨토시, 자외선 차단 마스크 일명 괴물마스크, 양산, 자외선 차단제, 모자 뭐 이딴 것 없이도 햇볕 무서워하지 않으면서 즐겁게 산책이나 조깅도 하고, 가로수 그늘 아래서 한가롭게 커피도 한잔 하고 싶다. 우리나라에서도…… 제발!

---

1 일반적으로 각 열감각 지수의 명칭은 영문 약자로 나타내며 의미는 다음과 같다. DI: Discomfort Index, WCT: Wind Chilly Temperature, WBGT: Wet Bulb Globe Temperature, PMV: Predicted Mean Vote, PPD: Predicted Percentage Dissatisfied, PET: Physiological Equilibrium Temperature.

2 날씨의 덥고 추움을 표시할 때 흔히 기온(air temperature)을 많이 적용하는데, 기온은 지면으로부터 1.2~1.5m 범위의 공기 온도를 말한다. 따라서, 실제로 옥외공간의 특성에 따라서 사람이 느끼는 열감에서는 큰 차이가 남에도 불구하고 기온을 측정해보면 통풍과 바람의 영향에 의해서 그 차이가 1~2℃ 이내로 매우 작다.

3 인체의 열감각에 영향을 미치는 복사열에너지를 측정하는 수단으로 무풍상태에서는 흑구온도와 동일하다. 흑구온도는 물을 채운 직경 150㎜의 검정색 구체 내부의 온도를 말한다.

Urban Sprawl
+
Rural Sprawl

윤희정 _ 강원대학교 관광경영학과 교수

"전통적 이분법을 지양하고 새로운 차원의 문제 중심적 접근을 통하여
환경설계 과제에 대해 보다 본질적인 접근을 해야 한다.
조경 분야는 자연과학과 인문학을 아우르는 통합적 사고와
문제 중심적 접근으로 대변되는 환경설계의 새로운 경향에
적응하기 쉬운 잠재력을 가지고 있다."

     - 임승빈, "무이(無二)조경", 월간 『환경과 조경』 2007년 11월호.

도시=어른아이

도시는 과연 성장하고 있는가? 독자들의 답변은 아마도 '글쎄'. 질문을 바꾸어 도시는 공간적으로 확산되고 있는가? 답변은 대부분 '예스'. 그렇다면 도시의 정신적 가치 역시 공간에 비례하여 확산되어 왔는가? 답변은 대부분 '글쎄' 혹은 '노'.

이 글은 도시 공간의 확산과 이에 부합하지 못하고 퇴행하는 도시적 가치에 대한 문제의식에서 출발한다. 현재의 도시는 호르몬을 과다하게 복용한 커다란 몸집의 어른아이와 흡사하다. 어른으로서 마땅히 가져야하는 깊은 사유와 책임 의식을 뒤로 하고 덩치만 크게 부풀린 모양새가 위태롭기 그지없다. 이 글에서는 어른아이의 몸집을 부풀리는 것이 옳은가 옳지 않은가, 즉 도시 공간의 확산에 대한 정당성 논의는 잠시 논제 아래에 넣어둔다. 대신 어른아이의 몸집과 생각자람의 미스매칭mismatching에 대한 대안, 즉 도시 내 삶의 질로 귀결되는 도시적 가치의 퇴행에 대한 대안이 무엇인지 진지하게 조감해보기로 한다. 도시를 굽어보는 저자의 조감이 비록 전체를 품지 못할 지라도, 이러한 조감이 켜켜이 쌓여 도시의 모양새와 그 속에서 서로 비비고 살아가는 우리네 삶에 조금은 위로가 되지 않을까 기대해 본다.

도시의 몸집 불리기=어번 스프롤 Urban Sprawl

도시는 왜 자꾸 몸집을 불려 가는가? 혹은 불려야 했는가? 이 질문에 대해 많은 계획학자들은 어번 스프롤urban sprawl[1] 개념을 도입하였다. 어번 스프롤은 도시의 무질서한 팽창을 담은 다소 부정적 함의를 가지고 있으나 도시의 공간 구조를 통으로 꿰뚫어보는 투영적 용어라고 할 수 있다. 어번 스프롤로 확장된 도시는 주거지와 상업지—오피스를 포함하여—의 분리, 주거지와 도시 오픈 스페이스의 분리, 도시 외곽의 생태환경 파괴 같은 공간적 분리성과 비조화성을 특징으로 한다. 분리된 토지이용을 연계하는 것은 자동차 의존적 교통망이며, 이 교통망은 결국 효과 빠른 호르몬제를 도시 곳곳에 배달하여 도시의 몸집을 불리는데 결정적 역할을 수행하였다. 어번 스프롤은 특정 도시 공간만의 단순한 확장을 의미하는 개념이 아니다. 이를 국토 전반에서 조감하면 이것은 일종의 공간 붕괴의 층위로 읽혀진다. 즉, 도시와 주변지역이 생태, 기반시설, 수계, 경제적 네트워크를 갖게 되면서 거대한 코리도로서의 형태를 갖추게 되고, 상업적 교통망 commercial strips or linear commercial complexes은 상업적 코리도commercial corridor로 기능함으로써 공간의 경계가 붕괴되는 것이다. 따라서 어번 스프롤은 통상적으로 공간 파편화spatial fragmentation를 동반한다. 이러한 공간 붕괴는 도시적 가치, 즉 과도하게 효율적이며 상업적인 도시의 가치를 도시 외곽에 빠르게 전달하는 동인이 되어 사회문화적 다양성이 동질화되어 가는 가치 퇴행에도 일조하게 된다. 이러한 어번 스프롤에 대한 반성으로 도시적 삶을 되돌아보는 뉴 어바니즘new urbanism2 패러다임이 등장하기도 하였으나, 이 역시 아직은 요원한 과정상의 개념이며 급속하게 확장되는 도시의 최선안이 되기에는 시간이 많이 필요할 것으로 보인다.

어번 스프롤로 인한 도시 공간의 확장과 도시적 가치의 퇴행이라는, 즉 공간 범위와 가치 축소의 미스매칭에 대한 우려는 도시의 삶에 고스란히 투영되었다. 콘크리트 도시의 삶이 향유 문화의 동질화, 소비지상주의, 속도주의, 개인주의, 단절, 양극화, 일중독, 인간적 가치의 상실 등으로 점철되면서 정신적 공황 상태와 높은 범죄율, 생활의 질 저하 문제가 콘크리트 표피를 뚫고 맨살을 드러내기 시작했다. 즉 도시의 삶과 가치의 문제가 모더니즘 시대의 도시 효율성과 생산성에 대한 의문을 품기 시작한 것이다. 이에 도시민들은 도시의 문제를 도시 안이 아닌 밖에서 찾기 시작하였고, 그 밖이라는 것은 결국 외곽의 전원과 동일시되었다. 전원에 대한 아쉬운 로망을 대체하고자 녹※지상주의─비록 그 그린이 인위적인 것이라 할지라도─를 외치고 있고 그 외침에 부응하여, 녹※을 다룬다는 조경 분야의 수요가 높아지는 것은 부인할 수 없는 사실이다.

농촌 가치의 침전=루럴 스프롤Rural Sprawl

그렇다면 도시 밖에서 도시 안의 답을 찾고자 하는, 즉 공간 확장과 반대방향으로 내달리는 가치의 역류 현상을 과연 무어라 명명해야 하는가? 이 글에서는 도시 안으로 조용히 스미는 농촌 가치의 역류와 침전 현상을 루럴 스프롤rural sprawl[3]로 부르기로 한다. 그렇다면 루럴 스프롤은 도시에 어떤 형태로 흘러와서 자리매김하고 있는가?

농업 생산 코드

도시 유휴공간에 농업 생산 코드가 유기적으로 결합되면서 기존 도시에서 잘 볼 수 없었던 다양한 실체들을 만들어내고 있다. 도시 농업urban agriculture이라는 이름 아래 식생녹지, 텃밭 가든, 키친 가든kitchen garden, 주말농장, 옥상 텃밭, 할당 채원지allotment garden, 커뮤니티 가든community garden 등 유사 개념의 유사 공간들이 생산되고 있고, 한발 더 나아가 건축물 안에서 농산물을 생산하는 수직 농장vertical farm[4]까지 등장하고 있다. 또한 수많은 그린 게릴라green guerilla들은 도시의 땅에 게릴라 가드닝guerilla gardening[5]을 통해 도시 녹지에 적극적으로 개입하고 있다. 그린 게릴라의 침공이라 부를 만하다. 즉 도시 내 농업 생산 코드의 삽입은 경관소비용 녹지 체계에 대한 일종의 반성으로 단선적 녹지 대신 복합적 녹지 이용을 강조하고 있고, 이 과정에서 농촌의 전통적 산업인 농업을 수용하고 있

뉴욕 배터리 파크의 도시 농장

수직 농장, "The Living Skyscraper: Farming the Urban Skyline" by Blake Kurasek(출처: http://www.vertical-farm.com/designs)

는 것이다. 이러한 흐름은 물론 건강한 먹거리나 로컬 푸드local food에 대한 사회적 수요나 경기침체와도 연동되지만, 그 보다 더 중요한 것은 도시민들이 스스로 콘크리트 속의 맨살을 만지고 소비자에서 전략적 생산자로 변모되어 간다는 점이다. 즉, 도시민들은 농업 생산이라는 매개체를 통해 도시환경 프로슈머prosumer로 거듭나고 있다.

커뮤니티 혹은 소통

최근 설계된 도시 내 주거공간, 특히 공동주택의 아웃도어를 살펴보면 주민 교류의 시발점으로 활용되는 각종 커뮤니티 시설들이 포함되어 있다. 커뮤니티 마당, 커뮤니티 홀, 커뮤니티 놀이터, 커뮤니티 몰, 커뮤니티 마켓 등 커뮤니티라는 단어는 주민들의 소통을 위해 붙이는 접두사이자 보통명사처럼 활용되고 있을 정도다. 물론 소통을 위한 공간 조성이 실제 주민들의 행태에 유의한 변수로 활용되는가는 별개의 논제이지만, 농촌 지역의 전통적 삶의 방식, 즉 소소한 일상을 나누고 정서적으로 교감하는 소통 공간들이 도시의 중심 공간을 차지하기 시작했다는 것은 분명 눈여겨 볼만한 일이다. 이러한 커뮤니티는 결국 농업 생산 코드나 공공성 등 다른 침전 양상과도 밀접하게 연관되지만, 분절된 도시 삶의 농촌다운 연계고리 중 하나인 것은 분명해 보인다.

전원 로망스

도시민들은 여전히 전원적 삶, 즉 마을의 뒷 배경으로 산림이 자리하고 전답이 넓게 드리운, 하천이 마을 앞을 지나는, 마을 어귀에 느티나무 정자목이라도 한 그루 서 있는 고즈넉한 농촌의 녹지형禄地形과 녹경관禄景観을 동경한다. 전원에 대한 동경은 '귀농, 귀촌' 현상으로 연계되면서 인적 자원과 대규모 자본의 공간적 이동을 수반했고, 완전한 이동이 불가능한 경우 다차(러시아), 클라인가르텐(kleingarten: 독일), 시민농원(일본), 원예농원(네덜란드), 가족농원(한국)처럼 주말과 휴일에만 전원의 세컨드 홈second home에서 생활하는 접목형 전원 로망스도 등장했

뉴욕 유니온 스퀘어 파크의 커뮤니티 마켓

다. 이도 어려울 경우 굳이 삶의 터전을 옮기지 않더라도 작은 텃밭에서, 옥상에서, 아파트 발코니에서, 옥외 계단에서, 골목길 대문 앞에서, 쓰지 않는 화단에서 그들만의 전원 로망스를 실천한다. 도시적 삶과 농촌다운 삶의 방식은 다양한 형태로 접목되고 있나.

농촌 관광

도시민들은 콘크리트적 삶의 헛헛함을 채우기 위해 원거리의 농촌 지역을 기꺼이 방문하여 그들의 귀중한 여가시간을 소비한다. 즉 도시민들은 농촌의 자연과 문화 어메니티를 체험하며 그곳의 가치를 소비하고, 그곳의 가치를 도시로 전달하는 매개자로서 기능한다. 도시민 중 12.7%가 농촌 관광 경험자이며, 1년간 약 2.6회 정도 농촌 관광을 경험하는 것으로 알려져 있고, 국내 관광에서 차지하는 비율이 지속적으로 증가하고 있다. 물론 현시대의 농촌 관광이 정부 정책과 농촌의 위기위식에서 출발한 측면이 있지만, 도시민들의 자발적 수요 증가가 동시에 맞물리면서 관광 신풍속으로 자리매김하고 있는 것이다. 콘크리트 속의 도시민들은 농촌 관광이라는 형태를 통해 자연과 문화를 경험하고, 삶의 진정성을 향유하

이천 부래미마을 농촌 관광 체험 프로그램

며, 그들의 어린 미래세대들에게 지속가능한 사회의 모습을 보여주고 있지 않은가?

농촌 관광은 정부 정책과 도시민들의 자발적 수요 증가가 맞물려 새로운 관광 트렌드로 자리 잡아가고 있다.

흐릿한 경계 & 경계 효과

전통적으로 농촌은 건축물과 옥외공간, 마당과 길, 전답과 길, 우리 집과 이웃집, 산과 밭, 논과 하천, 부락과 부락의 경계가 흐릿하거나 유동적이었다. 이러한 농촌적 경계 개념은 도시 공간의 무질서한 구획과 경계 만들기를 조롱하듯 도시 공간에 다양한 형태로 점철되고 있다. 학교나 공공기관의 담장이 제거되어 시민들에게 녹지 공간을 돌려주고, 공개공지 등의 조성으로 녹지와 보도의 경계가 흐릿해지고, 가로에 자연스럽게 몰이 형성되는 것이 좋은 사례이다. 그런데 주목할 만한 것은 도시적 삶의 긍정적 요소들이 바로 여기, 흐릿한 경계들 사이에서 자주 일어난다는 것이다. 경관생태학의 경계 효과edge effect처럼 인간 행위의 다양성이 바로 경계 언저리에서 촉진되면서 도시의 즐겁고 여유로운 행위들을 양산하고 있는 것이다.

공공성

산업구조가 단순한 소규모 농경사회에서 두레나 품앗이 등으로 구현되는 공공성은 중요한 사회 가치이자, 생존을 위한 최소한의 안전장치였을 것이다. 그러나 도시의 확장과 더불어 산업구조가 복잡해지고, 시민들의 욕구 층위가 복잡해지면서 그것은 훨씬 더 강한 채찍과 당근이 전제되어야 실현가능한 가치가 되었다.[6] 마이클 샌델의 '공동선'을 굳이 언급하지 않더라도 공공성은 이익 추구로 귀결되는 자본주의 사회의 선결과제 중 하나임이 분명하다. 그런데 공공성은 복잡한 욕구 층위를 가진 시민들의 동의를 전제로 하고, 이러한 전제는 어려움에 직면하게 되어 종종 전통적 가치와 접합된다. 이때 농촌과 농업에 기반한 전통적 가치가 다양

제주 낙천리 아홉굿 마을

한 욕구 층위를 하나의 가치로 수렴하는데 매우 효율적으로 활용된다. 즉 공공성은 헬레나 노르베리 호지의 『오래된 미래』에서 언급한 것처럼 전통적 소규모 삶의 방식으로의 일부 회귀가 전제되어야 가능하다. 도시는 그 규모적 대단함에 어울리지 않게 농農에 기반을 둔 오래된 과거에서 미래의 해법을 찾고 있는 셈이다.

계획가의 선택

지금까지 도시 공간 확장과 반비례하여 도시에 조용히 스며드는 농촌적 가치의 역류에 대해 살펴보았다. 그렇다면 농촌적 가치의 조용한 침전에 대처하기 위해 계획가는 어떠한 시선을 품어야 하는가? 현대 우리 사회의 이중적 단상 중 하나가 농農에 대한 폄하와 녹綠에 대한 맹목적 찬양의 공존이 아닌가 싶다. 계획가들 역시 이 아이러니한 사고에서 벗어나기 어려워 보인다. 아직도 많은 계획가들은 녹綠을 다루면서 농農에 대해 다음의 논조를 피력하고 있을지 모르겠다. 전체 인구의 3.7%를 차지하고 있는 농업인에게 과연 정책지원이 합당한가? 도시만 다루기에도 너무 빠듯하지 않은가? 농촌과 농업은 그들만의 리그를 갖고 있지 않은가? 그러나 농업과 농촌은 전체 국토의 70% 이상을 차지하면서 환경재로서 다원적 가치들을 조용히 생산하고 있고, 3.7%의 인구가 생산하는 식량이 4,900만 국민들의 밥상에 오르내리고 있다. 또한 기후변화와 급속한 세계 인구 증가에 대비하여 전쟁 수준의 식량전쟁이 예고되고 있어 농업에 대한 관심이 지속적으로 증가될 수밖에 없는 상황이다. 따라서 통찰력을 갖춘 현명한 계획가라면 앞으로 우리를 강타할 패러다임은 결국 과거의 삶의 방식과 밀접한 농촌성을 전제로 하고 있음을 짚어내야 할 것이다. 또한 이러한 가치가 다분히 소비적인, 다분히 일시적인, 다분히 표피적인 도시 안에서 지속가능하게 자리 잡을 수 있도록 계획 코드를 정밀하게 짜는 노력을 기울여야 할 것이다. 단, 이때의 계획 코드는 농업과 농촌에 대한 기본적 이해를 전제로 한다.

1 도시 확산을 의미하는 어번 스프롤(urban sprawl), 도시 교외지역의 확산을 의미하는 서브어번 스프롤(suburban sprawl), 이 두 단어는 거의 유사한 의미로 사용된다. 당연한 것이 도시의 확산은 대부분 도시 외곽지역의 확산을 의미하기 때문이다. 따라서 이 글에서는 '어번 스프롤'로 통일하여 사용하기로 한다.
2 뉴 어바니즘(new urbanism) 이론은 어번 스프롤로 인해 야기된 교외 지역의 몰장소성, 중심 공간의 쇠퇴, 수용력을 고려하지 않은 과도한 토지 소비 등의 문제점을 해결하기 위한 논의에서 출발하였다. 이러한 논의가 체계화되면서 뉴어바니즘협회(the congress for the new urbanism)가 창립되고 ①지역(대도시권, 도시, 타운), ②근린주구, 지구, 회랑, ③블럭, 가로, 건물 공간 단위별로 뉴 어바니즘 헌장(charter of new urbanism)이 제정되어 계획 분야에 큰 파장을 일으키고 있다.
3 루럴 스프롤(rural sprawl)은 원래 어번 스프롤과 유사하게 밀도가 낮은 주거지역의 확산과 교통망을 따라 형성되는 상업적 띠(commercial strip)가 개발된 형태를 의미한다. 이것은 단순한 공간 침범이 아닌 장기간의 개인적 의사결정의 결과물이라고 볼 수 있으며, 어번 스프롤과 충돌되기도 하고 흐름을 같이 하기도 한다. 그러나 이 글에서는 공간적 확산보다 가치의 확산에 더 주목하기 때문에 본의와 다른 의미로 사용하기로 한다. 결국 공간이란 것은 가치의 물리적 투영체가 아니던가?
4 수직 농장(vertical garden)은 도시의 유휴 건축물의 내외부 공간을 활용하여 농작물을 재배하는 시스템이다. 이는 토지기반 농업의 고정관념을 깨고 기능적 생산 형태로 변화되어 가는 것을 의미하며, 궁극적으로 소비지향주의의 도시에 생산성을 부과하여 자급자족과 지속가능한 운영이 가능하도록 하는 데에 목적이 있다. 수직 농장은 농업 분야에서 상당부분 연구가 진행되었고 최근 도시 농업의 흐름과 더불어 주목받고 있다.
5 게릴라적 가든 방식으로 도시의 버려진 공간에 채소나 꽃을 심는 일(리처드 레이놀즈 저, 여상훈 역, 『게릴라 가드닝』, 들녘, 2012)
6 공공성은 도시라는 거대한 시스템에 다양한 형태로 나타나는데 '과정의 공공성'을 증가시키기 위한 주민참여나 공시제도, '결과의 공공성'에 있어서 평가 시스템과 피드백, '제도적 공공성'을 위한 상향식 정책(bottom) 등이 바로 그것이다.

Part2.
경관을 만들다

경관
클리닉

신지훈 _ 단국대학교 녹지조경학과 교수

"경관은 단순히 보고 즐기는 경치의 차원을 넘어서
인간의 생존을 지원해 주는 생태적 속성이 있을 뿐만 아니라,
경관을 통하여 삶의 의미와 본질을 느끼도록 하는 상징적 · 철학적 속성이 있다."

– 임승빈, 『경관분석론』, 서울대학교 출판부, 1991.

도시는 병들었는가?

우리가 살고 있는 도시, 하늘을 찌르는 고층 건물과 다양한 형태를 지닌 구조물, 화려한 색채로 뒤덮인 곳, 이렇게 겉에서 바라보는 도시, 외관이 화려하다고 해서 건강한 도시라고 할 수 있을까? 화려한 외양만을 추구하는 도시, 그 속은 과연 어떨까?

도시의 모습을 이루는 경관은 다양한 요소로 구성되어 있다. 도시 경관이 만들어지는 과정에는 그 토대와 배경이 되는 생태적 인자들의 상호작용이 밑바탕을 이루고 있으며, 여기에 인간의 모든 공간적 활동, 즉 문화와 관련된 인위적인 과정이 더해지게 된다. 이렇게 유형, 무형의 요소들로 복잡하게 얽힌 도시를 읽고, 해석하고, 개선하고자 하는 이유는 우리가 살아가는 도시를 좀 더 친환경적이고, 친인간적이며, 아름다운 도시로 만들어가기 위해서이다.

하지만 단기간의 경제적 논리에 의해 무분별하게 지어지는 건축물과 각종 구조물, 기능적인 측면을 강조하여 차량 중심의 도로로 이루어진 도시 구조, 획일적인 계획과 단순한 토지이용으로 구성된 정체성 없는 도시의 모습은 우리가 살

서울의 한강변 풍경. 우리는 자연과 인간의 조화로운 공존을 추구하고 있지만, 아름다운 자연과 대비되는 획일적인 도시 경관은 새로운 진단과 처방을 요구하고 있다.

오스트리아의 할슈타트(Hallstat). 인구 1,000명도 안 되는 작은 도시지만 오스트리아 최고의 관광명소로 꼽힌다. 오랜 역사와 문화가 자연과 조화를 이룬 도시의 모습은 건강한 도시의 경관이 무엇인지 단적으로 보여준다.

고 있는 도시를 점차 병들게 하고, 도시 경쟁력을 약화시키는 원인이 되고 있다.

이러한 도시 경관을 건강하게 만들어 가기 위해서는 병든 사람들을 치유하는 과정과 같이 그 원인을 정확하게 진단하여 각 도시의 특성에 맞는 적절한 처방을 모색해야 한다. 건강한 도시는 결국 도시를 이루는 다양한 요소들의 유기적인 네트워크를 바탕으로, 도시에 살고 있는 사람들과의 관계에서 만들어지는 것이며, 이는 도시 경관 문제를 정확하게 진단하는 경관 분석과, 적절한 처방을 위한 경관 계획 및 설계, 그리고 이를 관리하는 차원에서 일상의 문화와 깊은 연관을 가진다.

병든 도시를 어떻게 진단할 것인가?

오래 전부터 도시 경관이라는 주제는 조경, 도시, 건축 등의 분야에서 지속적으로 주목을 받아왔고, 다양한 분야에서 관심을 받은 만큼, 여러 가지 실천적 방법이 모색되어 왔다. 그 결과 각 분야별로 경관의 정의와 기본방향에 대해서는 어느 정도 유사한 태도를 취해왔지만, 그 실현 방안은 매우 복잡한 양상을 띠고 전개되어 왔다. 일례로 거시적 차원의 도시 경관계획을 다룰 때는 다분히 정책적 관점에서 접근이 이루어져 왔고, 미시적 측면의 경관 디자인을 다룰 때는 디자인적 관점이 보다 우선시되었다. 도시 경관에 대한 문제점을 올바르게 진단하기 위해서는 도시 경관이 어떻게 형성되어 왔는지를 먼저 파악해야 한다.

거시적 진단: 생태적 측면의 경관 분석

도시 경관을 진단하는 거시적 관점에서 이해되는 생태적 측면의 경관 분석은 경관을 형성하는 데 있어서 골격이 되는 것은 자연환경이며, 자연환경의 형태를 결정짓는 것은 생태적 원리라는 개념에서 출발한다. 이러한 생태학적 측면에서의 경관 분석 접근은 1960년대 미국에서부터 본격적으로 대두되었는데, 생태적 질서가 잘 유지되어 있을 때 경관의 질이 높다고 생각하며, 이러한 생태적 질서를 지속적으로 유지하는 것이 경관의 질을 향상시키는 방법으로 보고 있다.

따라서 생태적 측면에서의 경관 분석은 경관 내에서 인간의 역할을 매우 중요시 하고 있으며, 이러한 접근 방법은 인간생태학이라는 분야로 발전해 왔다. 인간생태학적 접근이라고 말할 때에 경관은 물리적 차원, 생물학적 차원뿐만 아니라 문화적 차원을 포함하며, 따라서 경관이 거주자의 가치, 선호뿐만 아니라 문화적 차원을 포함하며, 따라서 경관이 거주자의 가치, 선호 등에 부합될 때 높은 경관의 질을 지녔다고 본다. 따라서 인간 활동과 관련된 경관의 질을 유지하기 위해서는 시각적으로 바라보는 경관뿐만 아니라 경관 내에 거주하는 인간의 건강한 활동 및 환경과의 효율적 상호작용이 잘 이루어질 수 있도록 해야 한다고 볼 수 있다.

이러한 관점에서 생태적 측면의 경관 계획은 경관의 개념을 자연경관뿐만 아니라 인간 활동까지 포함하여 포괄적으로 파악하고 있으며, 거시적인 관점에서 경관을 바라보는 접근방법으로 볼 수 있다.

미시적 진단: 심미적 측면의 경관 분석

도시 경관을 진단하는 미시적 관점으로 이해되는 심미적 측면의 경관 분석은 경관을 미적 대상으로 보고 경관이 지닌 물리적 요소의 미적 구성원리를 파악하여, 이를 시각화를 위한 디자인 측면에서 응용하는 접근방법이라고 볼 수 있다. 도시 경관 분석의 심미적 측면은 일본의 도시경관조례에 잘 나타나 있다. 일본의 도시경관조례에서는 도시 축 형성에 관한 내용에서부터 경관 단위구역 내 보행자 공간이나 식재공간을 확보하거나 옥외주차장 등의 위치나 의장, 설비 등매우 세부적인 사항까지 규정하고 있으며, 건축물의 높이뿐만 아니라 계단의 수를 제한하거나 벽면 위치를 지정하기도 한다. 이러한 도시경관조례는 지구 차원의 특색 있는 경관을 창출하는데 기여하고 있으며, 개성 있는 도시 경관 관리를 위한 주요한 전략으로 자리 잡고 있다.

이와 같이 심미적 측면에서의 경관 분석은 다소 시각적이고 디자인적인 측면을 강조하고 있으며, 다분히 미시적인 관점에서 경관을 바라보는 접근방법이라고 볼 수 있다.

생태적 측면과 심미적 측면의 통합

19세기 말부터 근대적 도시계획 체계를 갖춘 독일은 20세기 초에 선진국들 중에서 비교적 안정된 도시계획 제도를 갖추었다. 현재 독일 도시계획 제도의 근간을 형성하고 있는 것은 건설법전에 입각하여 각 지자체에 의해 입안하는 법적 계획인 건설관리계획이다. 건설관리계획은 각 행정구역 전역을 대상으로 수립되는 마스터플랜으로서 토지이용계획F-Plan과, 이를 토대로 예상되는 건설 및 개발 활동을 비교적 좁은 지구를 대상으로 실제 3차원 시뮬레이션을 통해 상세하고 구체적으로 규제, 유도하는 지구상세계획B-Plan이라는 두 개의 계획체계로 구성되어 있다. 이 두 가지는 도시계획의 기본 수단으로서 2단계 구조를 이루고 상호 보완하면서 계획적인 도시 경관 시책을 시행하는 주요 근간이 되고 있다. 즉 F-Plan에서는 장래 토지의 사용에 대한 계획을 제시하고, B-Plan에서는 도로, 지붕 경사, 동 방향, 지붕 재료, 창 형태 등 매우 세부적인 내용까지 담고 있다. 따라서 독일의 경우 도시의 거시적인 경관을 다루는 생태적 측면의 접근방법과 미시적인 측면의 디자인까지 고려하는 심미적 측면이 균형을 이루는 경관관리 체계의 좋은 예를 가지고 있다고 할 수 있다.

경관 분석은 경관의 계획, 설계, 관리의 기초가 되며, 이는 곧 인간 생활 환경의 계획, 설계, 관리의 문제로 직결되며, 정확한 도시 경관에 대한 진단 즉 경관 분석은 병든 도시를 치유해나가는 토대가 된다.

병든 도시 치유하기

병든 도시를 치유하기 위한 다양한 방법들이 있다. 지금도 경관 계획, 경관 설계, 경관 디자인 등 각종 '경관'과 관련된 다양한 처방이 제시되고 있지만 늘 실현성과 그 효과에 대해서는 항상 의문의 여지가 있다. 제대로 된 처방이 실제로 그 도시가 추구하는 미래의 모습을 담아내는데 제 역할을 할 것인지, 또한 잘 디자인된 도시 내 공간이 도시민, 이용자들에게 정말 만족스러운 결과물을 주고 있는지 등에 관한 의문이다. 이를 위해 다음과 같은 내용을 고려한 처방이 필요하다.

체코의 체스키 크룸로프(Cesky Krumlov), 중세 마을의 특징이 가장 잘 살아있는 도시로 평가받고 있으며, 작지만 아름다운 자연과 역사적 건축물이 잘 보존되어 있는 곳이다. 이러한 자연과 문화가 도시 경관의 건강성을 추구하는 토대가 될 수 있다.

첫 번째는, 병든 도시를 치유하기 위해 도시 혹은 그 장소가 가지고 있는 이미지를 너무 단기간에 바꾸려고 하는 것은 다시 한 번 고민해볼 필요가 있다. 하나의 도시, 혹은 장소가 가지고 있는 이미지는 오랫동안 점진적인 과정을 거치면서 이루어진 것이다. 여기에는 도시민, 혹은 이용자들이 가지고 있는 많은 경험이 포함된다. 하지만 경관 관련 프로젝트에서는 자의든 타의든 이러한 이미지를 단기간 내에 전혀 다른 새로운 이미지로 바꾸도록 요구받을 때가 많고, 또 그러한 작업들이 많이 진행되어 왔다. 병든 사람을 치유하기 위해 급한 수술이 필요한 경우도 있지만, 그보다 우선 급한 수술을 견딜 수 있는 건강한 몸을 가지도록 만드는 과정이 필요하다. 즉, 병든 도시를 치유하기 위해서는 우선 다양한 변화를 받아들일 수 있는 건강한 도시 환경이 만들어져야 하며, 이를 바탕으로 점진적인 변화를 추구하는 과정이 필요하다는 것이다.

두 번째는 병든 도시를 치유하기 위해 일련의 경관을 개선하거나, 새롭게 조성하거나, 혹은 거시적 차원에서 경관의 정책을 결정하거나 하는 작업들이 과연 누구를 위한 것인가 생각해 볼 필요가 있다. 앞서의 사업들을 통해서 변화된 모

오스트리아의 잘츠부르크(Salzburg). 오래된 건축물로 둘러싸인 도심 내 작은 공간이지만 다양한 장식과 함께 식당, 상점, 커뮤니티 공간 등 시시각각 변화하는 도시 공간의 다채로운 활용가능성을 보여 준다.

습을 진정으로 느끼고 반가워해야 할 사람들은 그 공간, 장소, 도시 내에 거주하는 사람들이어야 한다. 하지만 많은 경관 사업들이 보여주기 위한 사업, 관광객을 위한 사업으로 주객이 전도된 경우를 많이 봐 왔다. 그래서 앞으로의 경관 사업들은 보여주기 위한 경관에서 이용자들이 즐기는 경관으로 바뀌어야 한다. 이러한 경관이 바로 문화 경관이요, 생활 경관이며, 이러한 생활 경관이야말로 진정한 참여 디자인을 이루면서 나아가 관광자원으로도 활용될 수 있다.

세 번째는 도시를 치유하는 경관 계획이 공간 환경에 접목되어야 한다. 경관 지구 등과 같은 지역, 지구, 또 이를 관리하기 위한 많은 가이드라인이 제시되지만 아쉽게도 실천력 있는 가이드라인은 거의 없다. 이러한 도시를 치유하는 처방으로서 경관 계획의 실천을 위해서는 많은 경관 사업이 필요하다. 지금까지의 경관 관련 작업들이 주로 새롭게 만드는 것에 비중을 두고 있었다는 점은 다시 한 번 재고해볼 필요가 있다. 기존 경관 자원을 살려가면서, 경관 사업을 추진한다면 역사 문화 자원도 훌륭한 경관 이미지 자원이 될 수 있으며, 이러한 좋은 자원들이 실제 공간 환경과 어우러질 때 경관 계획이 성과를 이룰 수 있다.

일본 도쿄의 마쿠하리. 다른 토지이용과 경계를 가지고 있는 일상과 분리된 공원이 아닌, 일상의 통행로이면서 쾌적한 보행공간을 구성하고 있는 공원의 모습이 시민 문화 창출에 새로운 역할을 해내리란 기대감을 품게 한다.

병든 도시를 치유하기 위해서는 생태적 관점에서 도시 치유법이 필요하다. 여기서 생태적 관점이라 하면 도시를 구성하는 각 요소들이 유기적으로 맞물려 상호작용하는 도시를 말한다. 겉모습도 중요하지만 내부도 잘 작동할 수 있는 경관을 의미한다. 우리가 추구하는 도시는 자연과 어우러진 도시, 즐거운 일상 문화를 생산해내는 도시, 아름답고 정체성이 있는 도시이며, 이것이 바로 활력 있고 지속가능한 건강한 도시의 모델이다.

도시 경관을 진단하는 전문가

도시 경관의 문제점을 파악하고, 이에 대한 해결책을 제시하는 과정은 조경 및 관련분야에서 매우 중요한 영역으로 인식되고 있으며, 그 시장도 매우 커졌음을 더 이상 강조할 필요는 없을 것이다. 그러나 도시 경관의 해법에 대해 조경 및 관련분야에서 많은 발전적 논의가 이루어지고 있지만, 관련분야에서 바라보는 경관에 대한 인식 차이는 분명하게 나타나고 있고, 관련 분야 간 영역다툼으로 오해를 사는 경우도 종종 있다. 경관 계획 및 경관 설계는 조경분야에서 전문성을 가지고 참여하는 것이 당연한 것으로 받아들여지고 있는 추세이지만, 문제는 관련분야와의 이견을 합리적으로 좁혀나가면서, 경관 전문가로서 인정받기 위한 노력들이 필요하다는 점이다.

이를 위해서 우선 경관을 바라보는 관점을 명확히 할 필요가 있다. 즉, 지금까지는 경관의 개념이 주로 심미적 측면에 비중을 두고 다루어져 왔기 때문에 대상지 주변의 맥락과는 거리감을 가질 수밖에 없었다. 하지만 앞으로는 도시 경관을 진단하기 위해서 심미적이고 미시적인 관점과 함께 대상지 전체를 파악할 수 있는 거시적 관점과 균형을 이룰 수 있는 시각이 필요하다.

그와 동시에 경관 전문가가 될 수 있는 기술 인력을 양성하는 것이 중요하다. 여기서 경관 전문가라 하면 경관 계획이든 경관 설계든 과업대상에 대해 지역적 맥락과 함께 분석·해석·평가 할 수 있는 능력을 가진 사람을 말하며, 경관 전문가는 이를 통해 타 분야와의 균형을 모색할 수 있는 객관적이고 과학적인 방법론과 동시에 창의적 디자인 안을 제시할 수 있어야 한다. 즉, 프로젝트 진행과정을 통찰하면서 타 분야에서 제시하는 여러 의견들을 조율하고 처방 대책으로서의 경관 계획과 경관 설계를 합리적이고 객관적으로 이끌어 갈 수 있는 능력을 지닌 경관 전문가가 필요하다는 것이다.

앞으로 도시 문제를 해결하기 위해 조경과 관련된 모든 분야에서 경관과 관련된 프로젝트가 획기적으로 증가할 것으로 기대되고 있으며, 병든 도시를 치유하는 방법으로서 경관 계획 및 경관 설계가 삶의 질 향상에 기여할 수 있도록 많은 노력이 절실히 필요한 때다.

별빛이 흐르는
다리를 건너,
바람 부는
갈대숲을 지나

김 대 현 _ 혜천대학교 도시환경조경과 교수

"도시의 경관은 한 폭의 그림과는 근본적으로 다르다.
도시 경관은 세월의 흐름에 따라 성숙되어 가며 인간의
생활환경 일부분으로 존재하게 되므로 쉽게 바꾸거나 버릴 수 없다.
조경가에게 도시 경관 창조의 중요성은 더욱 부각된다고 하겠다."

– 임승빈, 『조경이 만드는 도시』, 서울대학교 출판부, 1998.

하늘로 하늘로

고층 빌딩으로 둘러싸인 도시 경관은 그 나라의 경제력을 상징한다. 아시아의 신생 경제도시인 싱가포르, 상하이, 홍콩 역시 유럽 및 북미 선진국 도시처럼 고층 빌딩으로 채워져 있다. 고층 빌딩은 우리나라에서도 예외가 아니다. 부의 축적과 함께 지금도 우후죽순처럼 건설되고 있기 때문이다. 이러한 현상은 상업지역뿐만 아니라 주거지역에서도 나타나고 있는데, 주거지역에서의 고층 빌딩은 당연히 아파트다. 우리나라는 국토 공간이 협소하므로 고층 아파트의 탄생은 필연적인 결과물이라 하겠다.

일반적인 주거 유형으로

우리나라는 산악이 국토 면적의 65%나 차지하고 있어 가용 토지 자원이 부족한 형편이다. 그러한 입지적 환경에서 대다수의 인구가 도시에 모여 살다보니 많은 주거공간이 필요할 수밖에 없다. 이 같은 상황에서 국민의 주거 욕구를 해소해야 했기에 수직적인 주거공간인 아파트가 필요하게 되었다. 이로 인해 언제부터인지 모르지만, 고층에 대한 개념이 바뀌어 버렸다. 30층짜리 아파트도 무척 흔해졌기 때문이다.

아파트는 도시에서 주요한 경관 요소로 자리매김하고 있다.

고밀도로 지어진 도시 아파트. 도시민 대부분은 이곳에서
삶을 영위하고 있다.

우리는 아파트에서 탐욕적인
삶을 누린다. 좋든 싫든 아파트
는 어느새 우리의 대표적인 주
거 유형으로 사리 잡았다.

우리나라 주거 유형은 크게
단독주택(단독주택, 다중주택, 다가구주
택, 공관)과 공동주택(아파트, 연립주
택, 다세대주택, 기숙사)으로 구분된
다. 2010년 12월 현재 주거율

을 살펴보면 공동주택인 아파트에서 살고 있는 경우가 59%를 훨씬 넘어서고
있다.

우리나라 아파트의 도입

우리나라에서 아파트의 도입 시기를 어느 시점으로 볼 수 있는가에 관한 문제는
정확히 언급하기가 쉽지 않다. 현대적 의미의 아파트는 6·25전쟁 후, 1956년
에 '한미재단'의 후원으로 지어진 '행촌 아파트'가 효시라고 한다. 이후 1958
년 경사지에 계단식으로 구성된 17평형 '종암 아파트', 그리고 1959년에 5층
철근건물의 현대식 아파트인 24평형 '개명 아파트' 등이 건설되었다. 그러나
본격적인 아파트 주거의 시작은 1961년 '5·16 혁명' 당시 만들어진 '국가재
건최고회의'를 통해 시도되었다. 당시 정부는 절대적으로 부족한 주택난을 해
결하고자 서민 아파트 건설에 매진하게 되었다. 이것이 1962년 '마포 형무소'
의 농장 자리에 지어진 '마포 아파트'이다. 이 아파트는 당초 엘리베이터, 중앙
난방시스템, 수세식화장실을 갖춘 10층 높이의 고층으로 지으려 했다. 그렇지
만 "전기 사정도 안 좋은데 무슨 엘리베이터며, 기름 한 방울 나지 않는 나라에
서 중앙난방이 웬 말이냐"는 비난에 직면하게 되었다. 이에 더하여 서울시 수도
국은 "마실 물도 귀한데 수세식 화장실은 곤란하다"고 나섰다. 결국, 이 아파트
는 엘리베이터가 없는 6층으로 지어졌고, 난방은 가구별 연탄보일러로 시공하

게 되었다. 화장실은 우여곡절 끝에 수세식으로 지어졌지만, 시공 수준이 낮아 경비실 직원은 막힌 양변기를 뚫느라 정신이 없었다고 한다. '마포 아파트'가 건립된 후에 지어진 아파트들은 대부분 10~20평형대의 중·소형으로 그다지 인기를 끌지 못했다고 한다. 우리나라에서 '아파트 불패 신화'는 1970년대 한강 주변의 개발과, 반포, 잠실, 둔촌지구 등에서 값싼 강남권 땅들이 대규모로 개발되면서, 그리고 중산층을 위한 27, 32, 37, 51, 55평형 등 중대형 평형이

우리나라 최초의 단지형 아파트는 1962년에 건설된 '마포 아파트'이다(출처: 대한주택공사, 『주택도시 40년』, 2002, p.40).

등장하면서부터 시작되었다. 특히, '반포 아파트'는 중산층 아파트 건설의 기폭제가 되었으나, 급증한 아파트 건설은 주택난 해소에 도움을 주기보다는 투기자본을 형성하게 했다는 부정적인 여론을 낳았다.

아파트의 문제점

인간 소외를 걱정하는 측면에서 보면, 아파트는 사람이 거주하기에는 문제가 있는 주거 유형이라고 한다. 주변 건물과의 부조화로 인해 도시 스카이라인을 파괴하며, 획일적인 건물 형태로 인해 도시 경관이 단조로워지고, 특징이 없는 장소로 조성되는 사례가 흔하기 때문이다. 또, 아파트 주동 중심으로 단지를 배치하여 거주만을 위한 단조로운 옥외공간을 형성한다는 점도 단점으로 지적되고 있다. 주민 간의 교류를 고려하지 않은 설계로 인한 이웃관계 및 공동체 의식 결여, 그리고 자연으로부터의 고립과 고층 건물에 따른 거주자의 심리적 압박감역시 따가운 눈총을 받는 문제점이다. 그 외에 아파트를 주거보다는 재산 증식

1994년 철거된 남산 외인아파트. 이 아파트의 철거는 서울을 상징하는 남산 조망을 해친다는 서울 시민의 비난으로부터 출발되었다(출처: 임승빈, 『도시경관계획론』, 집문당, 2008, p.27).

수단으로 여겨 투기의 온상이 된다는 점도 일반 서민에게 위화감을 주고, 이로 인해 지역 주민 간의 커뮤니티 형성을 저해한다는 비난도 받고 있다. 더불어 수직 주거에서 오는 심리적인 공포감, 자연과 지면 접지의 어려움이 많아 주거자의 육체적 정신적 건강에 좋지 않은 영향을 준다는 점 역시 자주 거론되는 문제점이다.

문제점 해결을 위해

1970년대와 1980년대는 짓기만 해도 아파트가 팔리던 시절이었다. 아파트에 대한 개선이 없이도 주택건설사는 많은 이익을 남길 수 있었던 시절이 그 무렵이었다. 그러나 오늘의 사정은 다르다. 아파트가 차별화 및 고급화되고 있기 때문이다. 이 같은 변화의 주된 이유는 주택보급률(2010년 인구조사를 통해 나타난 특징은 주택보급률이 102% 육박)의 상승이다. 주택보급률은 1991년 이후 '주택 200만 호 사업'이 성공적으로 이루어지면서 급상승하게 되었다. 여기에 정부정책인 '부동산 실명제'와 부동산 투기 대책이 실효를 거두게 되자, 전국에 미분양 아파트가 넘쳐나게 되었다. 이에 아파트 주택건설업체는 미분양 사태를 최소화하기 위해, 소비자 요구에 부응하고 타 경쟁업체와 구별되는 차별화 전략을 펴게 되었다.

최근까지 주택건설사가 차별화 전략을 제시하며 광고하는 아파트 형태로는 주민 간 교류가 원활한 '참여형 아파트', 에너지 부하가 없는 '환경형 아파트', 자연 친화성을 지향한 '생태형 아파트', 한국적인 아름다움을 추구한 '전통형 아파트', 주민의 건강과 위락을 강조한 '건강형 아파트' 등을 들 수 있다. 현재 인구수 감소에 따른 미래의 아파트 분양 상황을 고려해 본다면, '아파트 고급 화·차별화'는 우리가 생각하는 것보다 훨씬 다양하고 개선된 모습으로 다가 와, 이전에 지적되었던 많은 아파트의 문제점이 해결될 것으로 보인다.

최근 아파트 옥외 공간의 변화

지금까지 우리나라 아파트에 나타난 문제점을 해결하고 차별화하기 위한 옥외 공간 변화에 대한 노력의 결과는 대략 10가지로 요약할 수 있다.

첫째는 아파트 진입구의 변화이다. 최근 아파트는 인지도와 영역성을 확보하기 위해 주 진입로 주변에 대문 형식의 구조물을 설치하거나 진입광장 혹은 조형물을 설치하고 있으며, 그 주변에 벽천, 휴식공간을 설치하거나 수목을 통해 대형 정자목을 식재하기도 한다. 둘째는 녹지 공간의 변화이다. 이전의 아파트

주 진입구의 변화. 아파트 단지 입구에 대문을 조성하여 인지성을 주도록 조성하고 있으며, 주변에 광장과 휴게소를 함께 배치하고 있다.

녹지 공간의 변화. 관상 위주의 녹지가 아니라 거닐며 느끼는 체험 위주의 녹지 공간을 조성하고 있다.

옥외시설물의 변화. 새로운 형태와 재료로 만들어진 옥외시설이 도입되어 예술적 감흥을 일으킨다.

체육 공간의 변화. 아파트 경계 지역에 산책로를 조성하고 있으며, 이와 연계하여 체력단련 공간을 배치하고 있다.

녹지 공간은 제한된 일부 수종으로 법규에 정한 수량에 맞춰 식재하고 하부는 잔디로 조성되었지만, 최근의 아파트 녹지 공간은 층위식재를 통한 '육생 비오톱 공간' 이 구성되고 있으며, 수종도 화목류와 유실수, 초화류 그리고 전통수종을 배치하여 한국인의 정서에 어울리는 밝고 에스런 수종을 식재하고 있다. 또한 관상 위주의 공간 배치보다는 녹지를 체험할 수 있도록 수림을 조성하고 있으며, 인공적인 형태의 식재가 아니라 자연 숲에서 보는 군락 형태의 층위식재로 구성하고 있다. 셋째는 옥외시설물의 세련화이다. 이전의 아파트 옥외시설물은 파고라와 벤치가 전부였으나, 최근에는 안내판, 이정표, 시계탑, 조형물, 열주, 볼라드 등 다양한 옥외시설이 도입되고 있다. 타 아파트와 구별되게 이미지 통합계획에 의해 시설이 구성되어 있는 것도 눈에 띤다. 넷째는 체육공간의 변화다. 기존의 아파트는 '주택법' 을 지원해 주는 '주택건설기준 등에 관한 규정' 에 위해 필수 체육시설만을 설치하였으나, 최근에는 테니스장, 배드민턴장에 더하여 조깅코스, 게이트볼장, 간이골프장, 풋살경기장, 롤러스케이트장, 실외수영장, 지압보행로 그리고 주민복지센터 내 체력단련 시설 및 스크린골프장 등 다양한 운동시설을 연령대에 맞추어 폭넓게 갖춰놓고 있다. 다섯째는 휴게공간의 변화다. 이전 아파트 휴게시설도 체육시설과 마찬가지로 '공동주택 건설 등에 관한 규정' 에 의해 필수인 벤치, 파고라만 설치한 형편이었으나, 지금의 아파트 휴게공간은 다양한 테마공간으로 변신하여 축제광장, 테마동산, 주말장터 등

휴게 공간의 변화. 휴게, 놀이, 체육시설을 통합하여   어린이놀이터의 변화. 어린이 놀이시설은 화려하고
테마공원 및 테마광장으로 조성하고 있다.   새로운 재료로 안전성을 고려하여 조성하고 있다.

주민 교류 공간으로 조성되고 있다. 그런가 하면 어린이놀이터, 체육시설과 더불어 다목적 복합 공간으로 조성하여 시너지 효과를 높이고 있다. 여섯째는 어린이놀이터의 변화다. 이전의 어린이놀이터는 법규에서 정한 면적과 시설만으로 아파트 단지의 외곽에 형식적으로 배치된 경우가 대부분이었지만, 최근에는 다양한 부지 형태와 첨단재료 및 안전한 도장재료, 고급스러운 놀이시설과 탄력성 있는 고무바닥 포장재료 도입으로 더욱 재미있고 안전한 공간으로 변모하고 있다. 일곱째는 보행자 위주의 동선 배치다. 아파트 공간은 크게 건물 공간, 녹지 공간, 교통 공간으로 나눌 수 있다. 최근 인간중심적 설계 기법barrier free, universal design의 도입으로, 아파트 공간에서도 자동차보다는 보행자를 중시하는 설계 기법이 적용되고 있다. 즉, 아파트 주 진입로에서 차량의 동선과 만남이 없이 입구까지 걸어서 도착할 수 있도록 보행자 전용도로를 설치한다. 따라서 차량과 보행로가 지나치는 곳의 포장은 보행로에 사용되는 포장재료를 사용하여 운전자로 하여금 이곳이 보행자 우선임을 나타낸다. 이 외에도 보행자의 편리를 위해 연석 턱을 낮추거나, 차량의 동선에는 과속방지턱hump을 설치하여 속도를 제한하고 있다. 여덟째는 1층부 공간의 변화다. 1990년대 국가적으로 아파트 건설의 실적을 높이기 위해 건폐율과 용적률을 완화한 적이 있었다. 이로 인해 아파트 공간은 더욱 고밀도 공간으로 변하게 되었는데, 당시 조밀한 아파트 건물로 인한 공간의 폐쇄성을 줄이기 위하여 분양률이 떨어지는 1층부를 필로티piloti로

보행자 위주의 동선 배치. 아파트 입구에서 주동 입구 까지 보행자 전용도로를 배치하고 있다.

1층부의 변화. 필로티를 조성하여 주민들의 교류와 휴게 장소로 이용하도록 도모하고 있다.

수경시설 도입. 물을 이용한 수경시설이 과감하고 적 극적으로 도입되고 있다.

지하 공간의 이용. 지하 공간의 원활한 이용과 에너지 절약을 위해 채광형 캐노피를 설치하고 있다.

조성하여 분양률 상승과 개방성 확보의 두 마리 토끼를 잡으려 했다. 경우에 따라서는 1층부에 주민 공용의 관혼상제 시설 혹은 주민공용 시설(도서실, 휴게실, 운동실 등)을 설치하기도 했다. 최근에는 이러한 경향과 더불어 1층부를 주민을 위한 텃밭정원으로 조성하거나 보행 및 차량을 위한 동선으로 제공하기도 한다. 아홉째는 지하 공간의 이용과 수경시설의 도입이다. 아파트의 지하 공간은 대체적으로 주차장으로 사용된다. 그러나 최근의 아파트는 지상 공간을 최대한 녹지 공간으로 확보하기 위해 일부 서비스 차량을 제외하고는 지상에 주차장 설치를 지양하고 있으며, 지상에 위치했던 주민복지센터(관리사무실 포함)도 지하에 설치하고 있다. 물론, 각종 기계 및 보일러실도 지하에 대부분 위치한다. 일부 아파트의 경우, 지하에 태양 빛의 공급과 공기순환을 위해 거대한 통로를 조성하거나, 지하

중앙공간에 썬큰가든을 설치하기도 한다. 그런가 하면, 이 지하 중앙광장에 분수대 혹은 벽천 등의 수경시설을 설치하거나, 흐르는 물을 감상할 수 있도록 휴게소를 설치하기도 한다. 아파트의 수경시설은 대부분 기하학적인 형태로 조성되는 경우가 많다. 최근에는 아파트 부지를 흐르는

아파트 외형, 색채, 스카이라인의 변화. 판상형 건물 일변도에서 차츰 절곡 혹은 타워형 건물이 나타나고 있다.

실개천과 연못 등을 복개하지 않고 그대로 노출시켜 이곳에 수질정화식물과 자유곡선형 개울을 조성하여 아파트 단지의 열섬 저감과 바람 길로 조성하는 사례도 적지 않다. 열 번째는 건물의 외형, 색채 그리고 스카이라인의 변화다. 이전의 아파트 건물은 남쪽을 향한 일자형 배치였고, 건물 전체가 단색으로 비교적 아이보리색과 흰색 위주로 도색되었으며, 아파트 스카이라인도 슬랩 혹은 눈썹 지붕 형태로 조성했었다. 그러나 최근의 아파트 건물은 색채를 주조색, 보조색, 강조색 등으로 구분하여 흥미롭게 꾸미고 있으며, 저층부(1-5층)는 기존 건물의 시멘트 외벽과는 달리 벽돌, 화강석 등의 고급외장재로 시공하고, 아파트 건물의 형태와 지붕 스카이라인도 인텔리전트 빌딩처럼 세련되게 꾸민다.

아파트 옥외 공간의 미래

미래에 나타날 아파트 옥외 경관은 어떤 모습일까? 2011년 주택건설업체와 아파트 건축전문가들은 미래의 아파트 옥외 공간의 모습을 '인간 중심 아파트', '산소 같은 아파트', '원스톱 리조트 아파트'로 축약하고 있다.

'인간 중심 아파트'란 아파트에서 가족이 건강하고 행복하게 삶을 영위할 수 있도록 '웰빙·친환경·로하스'를 접목해 주거단지를 한 차원 발전시킨 개념이다. 즉, 옥상 및 지상의 녹지공간을 녹화하여 단지 전체를 숲으로 설계하고 어린이와 노인들까지 배려하여 계단 없이 자유롭게 대지 내를 이동할 수 있는 무

장애 램프와 보도 턱 낮춤, 보행유도 블록을 설치하는 것을 말한다. '산소 같은 아파트'란 에코디자인 기술을 적용한 아파트로서 지상의 녹지 공간을 단순히 수목으로 식재하는 수준을 넘어서, 아파트 부지에 자연의 생태계가 살아 작동하고, 에너지 절약과 탄소 배출의 절감이 가능하게 '생태공학'을 접목시킨 것으로, 실개천과 여울, 목재 산책로, 빗물 재활용, 수질정화연못, 습지, 육생·수생 비오톱 등을 아파트 옥외 공간, 외벽, 옥상정원에 적용하여 환경 개선에 실제적으로 적용되도록 하는 것을 말한다. 2004년 준공된 서울 영등포구 신림동에 있는 한 아파트의 경우는 단지 중앙에 생태연못을 만들고, 기본 방수시설 외에도 다시 흙을 깔아 자연 상태와 같이 조성하였다. 100m 이상 되는 계류를 만들어 수질 정화·자정기능을 높였는데, 이 같은 아이디어가 그 좋은 사례에 해당된다. '원스톱 리조트 아파트'란 '호텔형 아파트'라고도 할 수 있다. 이는 최근 재건축을 통한 주상복합 아파트 건설과 바쁜 도시민의 여가 생활이 퇴근 후 이루어지고 있음을 간파하여 주택건설업체들이 아파트 내에서 주거, 여가, 생활, 교육, 운동 등을 동시에 즐길 수 있도록 하는 개념이다. 이 개념에 따라 최근 아파트는 피트니스 센터와 골프연습장은 기본이고, 연회장과 게스트 룸, 고급 사우나와 수영장, 대형 공연장과 독서실, 영어 마을을 갖춘 아파트 등도 속속 등장

네덜란드에서 보았던 환경친화형 주택단지. 운하 및 저류지가 건물과 함께 조성되어 환경적으로 안정적인 경관을 제공하고 있다.

하고 있다. 이러한 시설은 지상의 녹지 공간과 커뮤니티 센터에 위치하고 있으며, 특히 대형 아파트에는 리조트나 고급 호텔에 버금가는 커뮤니티 시설 외에도 어린이를 위한 사이언스 파크(어린들이 자연스럽게 놀면서 기초적인 과학 지식을 습득하고 우주 공간에 대한 이해와 상상력을 높일 수 있는 공간), 미니 카약장 등 고급 위락시설 등이 만들어지고 있다. 이렇듯, 아파트는 계속 진화하고 있으며, 미래에도 거듭 발전되어 갈 것으로 기대한다.

FACE OFF
by Landmarks,
도시의 얼굴을
바꾸는 작업

변 재 상 _ 신구대학교 환경조경과 교수

"랜드마크는 시각적 인지도가 높아 도시의 이미지 형성에
중요한 역할을 담당하는 도시 구성요소이다.
랜드마크는 그 자체로서 상징성, 역사성, 기념성 등을 지니는 것은 물론이고
시민들이 도시 내에서 길을 찾고 도시 공간 구조를 파악하는데 큰 역할을 한다."
– 임승빈, 「도시경관계획론」, 집문당, 2008.

도시의 얼굴

스마트 폰에서 잠시 눈을 떼고 고개를 들어보자. 익숙하면서도 어쩌면 낯선 도시의 모습이 느껴질 것이다. 무심코 보게 되는 수많은 건물과 간판, 가로수, 표지판 등이, 같은 도시 속에서도 조금씩 서로 다른 풍경으로 펼쳐진다. 이들에 조금만 관심을 가지고 지켜보면, 모든 것들이 저마다 다른 표정을 지으면서 다가온다.

우리가 살고 있는 도시란 장소는 오래전부터 사람들이 살아온 터전이고, 사람들의 행동을 담는 그릇이었다. 사는 사람이 달라지면 도시란 그릇 안의 음식도 그 모양과 향기가 바뀌게 마련이다. 그래서 비록 같은 그릇이었다 할지라도 그 안에 담긴 음식의 맛과 향기는 사람들의 머릿속에 서로 다르게 각인된다. 만약 모든 도시가 같은 얼굴을 가지고 있다면, 어떻게 도시를 구분하고 기억할 수 있을까? 여행도 필요 없고, 그저 내가 살고 있는 도시 한가운데에서 세계의 모든 도시를 전부 경험해 볼 수 있지 않을까? 조금은 아쉽지만 아니, 오히려 다행스러운 일은 도시마다 개성을 가지고 '나는 나'를 외치고 있다는 것이다. 그래서 주머니를 털어 세계 이곳저곳을 흥미롭게 돌아다니며, 우리와는 다른, 그리고 다를 수밖에 없는 다양한 경관과 경험들을 만끽하게 되는 것이다. 이것이 바로 도

도시의 바닥에서도 도시의 얼굴을 찾아볼 수 있다. 지루한 포장들 사이로 나타나는 맨홀 뚜껑에서도 다양한 도시의 표정과 숨결이 느껴진다(상단 왼쪽부터 시계방향으로 시드니, 퀸스타운, 동경, 내리마구, 서울, 요코하마의 맨홀 뚜껑).

곳곳에 그려진 해학적인 시민들의 낙서조차 도시를 숨 쉬게 하는 이미지가 되어 그 도시의 표정과 숨결을 나타내고 있다(상단 왼쪽부터 시계방향으로 뉴욕, 크라이스트 처치, 오사카, 청계천).

시의 얼굴과 표정이 저마다 달라야하는 이유가 된다.

몇 해 전까지만 해도 대부분의 우리나라 도시들은 개성이라고는 찾아보기 힘든 특징 없는 모습들뿐이었다. 서울을 비롯한 다른 도시들도 자연환경이 심각하게 훼손된 채, 활력도 없고 매력도 없는 국적불명의 황량한 콘크리트 덩어리들만 가득하였다. 급격한 산업화를 거치면서 먹고 사는 일이 최우선으로 여겨지던 때인지라, 환경이나 건강, 자연, 전통, 경관 등이 일종의 사치스러운 단어들로 치부되었던 것이다.

외국인 친구가 찾아와 서울 안내를 부탁했을 때 어디로 데려가야 할지 난감하다. 머릿속에 떠오르는 곳이라고는 경복궁, 창덕궁, 남산 등과 같은 고궁이나 몇몇 전통 마을들뿐이다. 하지만 이제 새로운 도시의 얼굴과 그에 맞는 표정, 그리고 그에 어울리는 이야기들이 만들어지고 있다. 주변을 둘러보면 반가운 소식들이 하나둘씩 들려온다. 청계천, 하늘공원, 인사동 쌈지길, 선유도공원, 서울숲, 국립중앙박물관, 북서울 꿈의 숲, 서서울호수공원 등등…… 쾌적한 삶의 터

새로운 도시의 표정들이 그려지고 있다. 도시의 녹색 표정들 속을 거닐다 보면 내 입가에 미소가 피어난다. 이들은 도시의 미소쯤 되지 않을까(왼쪽부터 북서울 꿈의 숲, 선유도공원, 서서울호수공원, 희원, 청계천).

전에 대한 욕구와 함께 도시의 얼굴이 개성 있는 표정을 짓기 시작했다.

도시 브랜드

도시 브랜드, 왜 필요한가?

과거 자본주의 세계는 소품종 대량생산의 체계였으나, 시대적 변화와 함께 이제는 다품종 소량생산의 시대로 접어들었다. 지난 세기가 소품종을 대량으로 생산함으로써 생산비를 낮추는 시대였다면, 이제는 서로 다른 사람들의 구미에 맞는 다양한 품종을 소수의 사람들이 즐길 수 있도록 하는 맞춤형 시대로 변화하였다. 도시도 서서히 모습을 바꾸고 있다. 과거 도시 경관의 목표가 범국가적으로 아름다운 도시 만들기였다면, 이제는 '살고 싶은 도시 만들기' 나아가 '나만의 도시 만들기'와 같은 각기 다른 도시 만들기가 도시 이미지 전략의 목표가 되고 있다. 세계 경쟁의 주체 역시 국가가 아니라 다양성을 기반으로 한, 개성 있고 경쟁력 있는 도시가 되었으며, 각기 다른 개성을 가진 도시의 표정이 필요하게 되었다. 개성 없고 이미지가 불분명한 경쟁력 없는 도시는 앞으로 다른 도시의 부속 도시로 전락하게 될 것이다.

오래전부터 미국의 도시들은 각자의 개성을 살릴 수 있는 자기만의 브랜드를

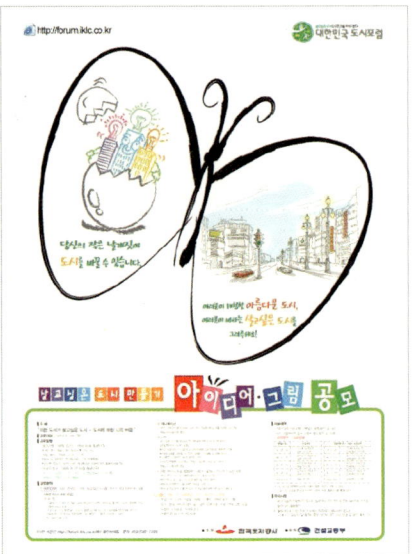

2007년부터 시작한 살고 싶은 도시 만들기 정책은 상당한 성과를 거두었다. 이제는 시민들의 적극적인 참여로 나만의 도시 만들기가 필요하다.

표1. 주요 도시의 브랜드

도시의 명칭	도시의 브랜드
Detroit	the Motor City
Cleveland	the Mistake by the Lake
Chicago	the Windy City
New York	the Big Apple, Fun City, Sin City
Boston	Beantown
Pittsburgh	the Steel City
Milwaukee	the Beer Capital of the World
Philadelphia	the City of Brotherly Love
St. Louis	the Gateway to the West

가지고 개성 있는 도시로 거듭나고 있다. 철강도시 피츠버그라든가, 자동차 도시 디트로이트 등은, 세계 유수의 도시로 발돋움하기 위한 필요조건 중의 하나가 바로 도시 이미지를 기반으로 한 브랜딩임을 시사해준다. 도시만의 브랜드는 도시 경관 계획과 마케팅의 핵심이 된다.

도시마다 랜드마크를 통해 도시 브랜딩의 방향을 결정하고 마케팅에 활용한다. 사진은 시드니의 오페라 하우스

도시 브랜딩, 어디까지 왔나?

하드웨어 위주의 도시 이미지 전략은 점차 역사, 문화, 예술 등의 콘텐츠를 소재로 한 소프트웨어를 강조하는 방향으로 변화하고 있다. 도시의 마케팅 전략 방향도 상징과 브랜드, 스토리텔링을 활용한 '감성 잡기'로 급선회하고 있다. 이에 따라 미래의 관광객은 기존의 이미지와 방문 형태를 그대로 답습하는 것이 아니라, 개인적 취향과 대중적 취향의 결합에 의해 완성된, 기억에 남을 수 있는 정체성 있는 도시만을 찾게 될 것이다.

최근 들어 지역 홍보 및 지역 이미지 개선을 위한 다양한 마케팅 전략을 추진하는 지방자치단체들이 하나 둘씩 늘어나고 있다. 그러나 일부 대도시를 제외한 대부분의 지방 도시들은 비록 외형은 바뀌고 있을지 모르겠으나, 국제적 수준으로 발돋움하기 위한 자체적인 브랜드와 발전적인 미래상을 지니고 있지 못하다. 도시 마케팅을 효과적으로 수행하기 위해서는 그 지역의 지역다움과 개성을 연출하고, 다른 지역과의 차별성과 우수성을 부각시켜야 한다. 특히 도시 브랜드 전략은 도시의 정체성을 확립하고 도시민들의 정서적 공감대를 형성하는데 기여할 뿐만 아니라 지역 경제 및 사회 발전에 긍정적인 효과를 창출할 수 있다. 도시 브랜드 창출은 그 지역만의 성격, 그 고장다움을 찾아가고 만들어 가는 과정을 거치게 되고, 그것은 보다 살기 좋은 도시 환경의 창출을 위한 여러 가지 노력들, 예컨대 도시 행정, 도시 경영, 도시 계획, 도시 설계, 조경, 건축, 조형 등 다양한 환경 설계에 일관된 흐름 구축을 위한 하나의 틀로 제시될 수 있다. 즉, 도시 브랜드 확립은 지역 개성 형성을 위한 하나의 효과적인 전략으로서 지역의 장래와 지역 과제를 기초로 하여 여러 가지 시책을 종합적으로 전개할 수 있는 중심축 역할을 담당하게 된다. 21세기의 도시는 상업 및 주거 기능의 충족에만 국한되는 것이 아니라 독특하고 개성 있는 커뮤니티를 창조하는데 기여할 수 있어야 하며, 시민들이 자랑스럽게 생각하고 응집력 있는 커뮤니티가 되도록 환경을 조성하는 것이 중요하다.

도시 브랜드, 어떻게 할 것인가?

이탈리아 토리노^{Torino} 시가 2008년 세계 디자인 수도 시범도시로 선정된 후, 공식경쟁을 거쳐 2010년에는 서울시가 세계 디자인 수도로서 최초의 자격을 얻게 되었다. 강원도 평창군은 두 차례의 실패에도 불구하고 2018년 동계 올림픽 유치의 쾌거를 이루었다. 2011년에는 대구시가 세계육상선수권 대회 개최를 성공적으로 마무리하기도 했다. 이처럼 우리나라 각 지방자치단체들은 다양한 국제행사를 유치하여 글로벌 네트워크 구축에 힘쓰고 있으며, 지역의 국제적 브랜드화를 통해 외국 관광객 유치나 지역 이미지 제고, 장소 마케팅 등 지역 발전을 위한 노력에 총력을 기울이고 있다. 이러한 노력은 'Hi! Seoul(서울)', 'Happy 700(평창)', 'Colorful Daegu(대구)' 등의 각 지역 브랜드 슬로건과 연계되어 해당 도시의 브랜드를 세계적으로 도약시키는 계기가 되고 있으며, 대한민국 브랜드 가치 향상에 큰 기여를 하고 있다.

　우리나라는 1995년부터 시작된 지방자치제를 계기로 지방자치단체의 권한과 역할이 커지게 되었고, 동시에 세계화라는 흐름 속에서 도시 경쟁력 강화라는 시

여러 도시의 로고들을 보면, 도시 마케팅 전략과 브랜드 전략의 상관관계가 매우 밀접함을 알 수 있다.

대적 요구에 직면하게 되었다. 이러한 시점에 즈음하여 이미 몇몇 도시들은 도시 브랜드의 중요성을 간파하고 지역 발전을 위한 정책의 일환으로서 도시 브랜딩 및 마케팅 전략을 적극적으로 수립하여 추진하고 있다. 특히 대도시의 이미지 제고를 위해 개발되었던 글로벌 도시 브랜드는, 지방 중소도시로 확산되면서 지역 브랜드 사업으로 발전하게 되었고, 지역 마케팅을 위한 필수 요소로 자리 잡게 되었다. 미래의 산업 경제는 글로벌 브랜드 사업과 지역 브랜드 사업으로 양분화 되는 추세가 가속될 것이며, 그럴수록 지역의 가치에 대한 통찰과 연구개발이 더욱 중요해질 것이다. 뉴욕의 'I♥NY', 버밍엄의 'Europe's Meeting Place', 도쿄의 'Yes! Tokyo', 꾸리찌바의 'Great Brazil Express', 서울의 'Hi! Seoul', 부산의 'Dynamic Busan' 등의 브랜드는 세계화에 대응하여 지역 발전 전략을 적극적으로 개발해야 하는 시점이 도래하였음을 시사한다. 즉 도시의 개별 산업이나 제품보다 도시 브랜드가 더욱 중요하게 되었으며, 지역 경제 발전을 위해서도 도시 브랜딩은 도시 관리 및 이미지 전략의 필수적인 수단'이 된 것이다.

랜드마크와 도시 브랜드

랜드마크란 무엇인가?

1960년대 MIT 공대의 케빈 린치Kevin Lynch 교수는 꾸준한 연구를 통해 도시의 이미지 구성요소를 5가지로 구분하여 제시하였다. 통로paths, 결절점nodes, 지역districts, 가장자리edges 그리고 랜드마크landmarks가 그것이다. 도시 이미지 구성요소의 명확한 확립은 도시설계 및 도시 경관 계획에 많은 영향을 끼치게 되었고, 도시계획에서 있어서 그 구조적 틀을 형성하는 근간이 되고 있다.

다섯 가지 요소 중 하나인 랜드마크는 도시나 일정 지역 전체의 지배적인 경관에서 독특하게 관찰되는 점적인 경관 요소로서, 관찰자가 대상 안에서 바라보는 것이 아니라 외부에서 바라보는 경우에, 건물, 표지판, 상가, 산 등과 같이 단순하게 한정될 수 있는 물체로 정의될 수 있다.²

랜드마크는 도시 환경의 조직이나 정보화에 기여하는 도시 이미지 구성요소 중 하나로서, 다른 요소들에 비하여 개별적 규제가 가능할 뿐만 아니라, 도시의

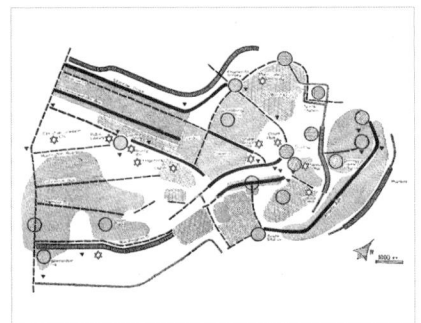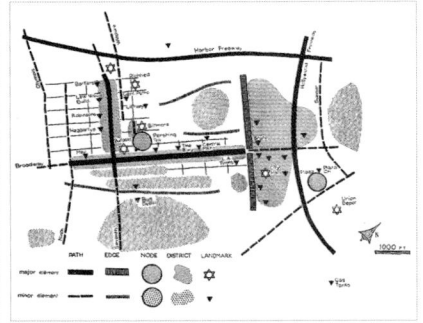

케빈 린치가 증명해 낸 도시 이미지 구성요소는 우리 주변에서도 흔히 설명할 수 있는 약도와도 같다. 이것이 도시의 물리적 이미지가 된다(좌: 보스턴의 이미지, 우: LA의 이미지, 출처: Kevin Lynch, The image of the city, MA: The MIT Press, 1964).

다양성 확보에 기여할 수 있는 잠재력이 큰 요소이다. 따라서 획일화된 도시 경관의 개선 및 이미지 향상을 위하여 랜드마크를 적극 활용한다면, 도시 공간의 질서를 보다 잘 표출할 수 있을 것이며 좀 더 유용한 공간적 정보를 제공할 수 있을 것이다. 최근에 급격하게 증가하고 있는 각종 신도시 개발 사업이나 기성 시가지의 지구단위계획사업과 연계하여, 획일화된 도시 구조를 보다 효율적으로 조직할 수 있다. 이는 주민들에게 낯선 도시의 이미지에서 벗어나, 해당 도시에 대한 소속감을 증진시키는데 일조할 수도 있다.

우리나라 도시 구조나 대부분의 건축물들은 그 도시가 지닌 지역적 특성을 제대로 반영하지 못하기 때문에, 많은 관광객들에게 깊은 인상을 심어 주지 못하는 것이 현실이다. 예를 들어 '프랑스 파리의 에펠탑', '미국 뉴욕의 자유의 여신상' 과 같이 대표적인 랜드마크가 존재한다는 것은, 해당 도시로서는 관광객들에게 크게 호소할 수 있는 매력적인 자원을 이미 확보하고 있다는 것을 의미한다. 따라서 고유의 이미지가 확립된 세계적 수준의 도시 랜드마크 수립은 도시 브랜딩 사업에 일조하여 도시의 독특한 경관을 형성하는 중요한 수단이 된다.

도시 브랜드의 수단, 랜드마크

랜드마크는 도시의 얼굴과 브랜드를 결정하는 중요한 요소이다. 오늘날 외국에서는 도시의 다양한 랜드마크를 보존하기 위하여 노력하고 있으며, 또한 이를 활용하여 도시 경관 및 이미지 향상에 많은 노력을 기울이고 있다.

미국의 시애틀이나 샌프란시스코, 뉴욕 등에서는 자치단체별로 랜드마크 보존 위원회Landmark Preservation Board를 구성하고, 각 지역의 문화재나 상징물 등을 랜드마크로 지정하여 보호·관리에 힘쓰고 있다. 특히 시애틀 시의회는 발라드 가 랜드마크 지구Ballard Avenue Landmark District 등을 역사보전지구로 지정하여 경관 관리에 적극 이용하고 있으며, 샌프란시스코에서는 랜드마크성 건축물에 대한 건축행위를 경관 혹은 건축심의를 통해 엄격하게 규제하고 있다. 이와 같은 랜드마크 건축물에 대한 건축행위 규제뿐만 아니라 다양한 조망보호 시책도 운용되고 있는데, 보스턴의 경우 주의사당 돔, 교회의 첨탑, 고층 타워 등 시각적 랜드마크의 조망 보호Landmark View를 보스턴 시의 주요 시책 중 하나로 규정하고 있다. 또한 오스틴Austin 시에서도 텍사스 주정부 청사와 같은 랜드마크성 건축물로의 조망 경관Capital View Corridors을 시조례에서 제도적으로 보호하고 있다.

미국 이외에도 캐나다 밴쿠버Vancouver에서는 일정 부지에 대한 신규 개발의 경우, 공공 가로나 오픈스페이스로부터 마린 빌딩Marine Building이나 캐나다 플레이스Canada Place 'sails'와 같은 랜드마크성 건축물의 상층부를 시민들이 항상 조망할 수 있도록 시각 회랑 보호를 통해 관리하고 있으며, 뉴질랜드 웰링턴

| 룩아웃 스튜디오 (Lookout Studio)의 동판 | 룩아웃 스튜디오 | 산 자비에르 성당(San Xavier)의 동판 | 산 자비에르 성당 |
| 타이탄 미사일 박물관 (Titan Missile)의 동판 | 타이탄 미사일 박물관 | 후버 댐(Hoover Dam)의 동판 | 후버 댐 |

미국에서는 전국을 대상으로 국가 지정 랜드마크(National Historic Landmarks)를 선정하여 보존함으로써, 교육적 차원에서의 의미와 함께 경관의 보존에도 노력하고 있다.

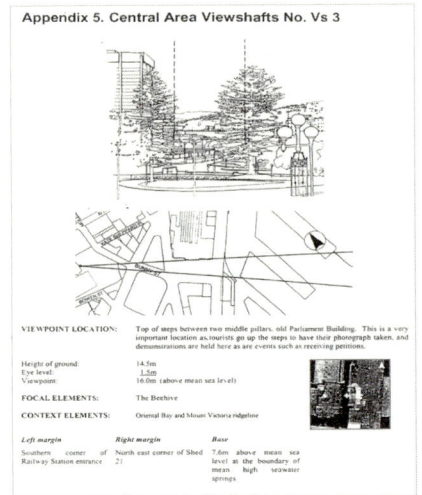

뉴질랜드 웰링턴의 뷰샤프트(Viewshaft) 제도는 주요 랜드마크로의 조망 제어를 통해 3차원적 도시 경관을 형성하는데 기여하고 있다(웰링턴의 뷰샤프트 조례와 지정구역 현황 사진).

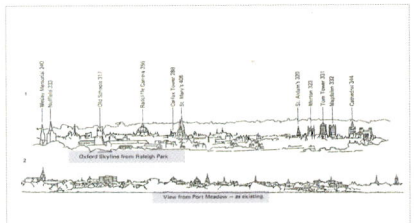

옥스퍼드의 표준화된 스카이라인 규제는 우리나라 도시 통경축과 스카이라인 형성을 위해 많은 시사점을 제공하고 있다(옥스퍼드의 스카이라인 규제 예시도(좌)와 전경 사진(우: Peter Macdiarmid)).

Wellington에서도 주요 랜드마크인 비하이브The Beehive와 제라드 거리St. Gerards로의 조망확보를 위해 중앙지구 뷰샤프트Central Area Viewshaft라는 시 조례에서 조망보호선을 사전에 지정해 놓고 관리하고 있다.

영국 옥스퍼드Oxford 시에서는 성당, 학교 등 역사적 랜드마크로 이루어진 전통적 스카이라인을 고려한 고도규제를 실시해 오고 있으며, 런던에서도 이와 유사한 스카이라인 보호정책을 꾸준히 실시해 오고 있다. 특히 런던의 경우, 이미 언급된 도시들처럼 역사적 랜드마크로의 시각 회랑 보호를 표준 전망standard view이라는 제도적 장치를 통해 강조하고 있다. 이러한 제도적 움직임은 런던 곳

미국 워싱턴 D.C.와 호주의 캔버라는 랜드마크를 강조하기 위한 스카이라인 규제를 통해 기념탑, 국회의사당, 전쟁기념관, 시청 등의 권위를 강조하는 데 일조하고 있다. 그래서 야간의 워싱턴 기념탑은 더욱 돋보이게 된다 (좌: 캔버라, 우: 워싱턴).

샌프란시스코의 금문교는 주간뿐만 아니라, 야간에도 사진 찍으려는 사람들로 발 디딜 틈이 없다. 이것이 도시의 경쟁력이고 브랜드이다.

곳에 등장한 고층건물들이 도시 이미지와 스카이라인에 부정적 영향을 미치는 요인으로 인식되었기 때문이다. 따라서 경관 가치의 보호, 다양한 사회적·환경적 갈등 완화 차원에서, 고층 건물의 적절한 배치 방안을 담은 전략적 권고 기준이 마련되기도 하였다.

미국의 워싱턴 D.C.의 경우에는 랜드마크를 돋보이게 하기 위한 각종 제도적 장치도 마련하고 있다. 백악관, 국회의사당, 링컨기념관으로 연결되는 상징성 높은 미국의 워싱턴 몰은 이들 연방건물의 상징성 유지를 위해 엄격한 고도제한이 가해지면서, 깔끔하고 정돈된 모습을 하고 있다. 특히 지형적 특성을 고려한 외곽 부도심에서의 고도제한 완화는 획일화된 도시 경관의 높이를 다이내믹하게 변화시키며 중앙을 강조하는 역할을 하고 있다.

이와 비슷한 사례로 프랑스 파리의 에펠탑 주변과 호주의 수도 캔버라도 랜드마크를 돋보이도록 하는 스카이라인 규제를 위해, 강력한 법률적 제재를 통해 도시의 머리를 다듬고 있다.

　이상에서 보는 바와 같이, 랜드마크에 대한 적절한 관리 방안들은 해당 도시의 정체성 확립 및 이미지 향상을 유도하는 동시에, 잘 정립된 랜드마크 이미지는 도시 브랜드 확립에 중요한 역할을 수행한다.

　아래의 도시들은 그들만의 랜드마크를 통해 도시의 브랜드를 확고히 구축해나가고 있는 사례이다. 세계 유수의 대도시들을 비롯하여, 중소 규모의 운치 있는 유명 도시들이 제각기 랜드마크를 통한 브랜드 전략을 수립하고 있다. 서울이나 부산하면 떠오르는 세계적인 랜드마크는 무엇일까? 이들의 브랜드는 어느 정도의 경제적 가치를 창출해내고 있을까? 진지하게 고민해 볼 때이다.

도시의 얼굴을 만드는 사람들

이야기의 중심에는 그 도시에 사는 사람들 그리고 환경과 생명을 함께 생각하고 다루는 사람들의 역할을 빼놓을 수 없다. 도시의 얼굴을 바꾸는 작업과 이를 통

표2. 주요 도시의 랜드마크

도시	도시의 랜드마크
Seattle	the Space Needle
St. Louis	the Gateway Arch
Washington(D.C.)	the Capitol, the Washington Monument
San Francisco	the Golden Gate Bridge
New York	the Statue of Liberty, Central Park
Philadelphia	the Liberty Bell
Copenhagen	the Little Mermaid statue
Paris	the Arc de Triomphe, the Eiffel Tower
Athens	the Parthenon, the Acropolis
London	Big Ben, the Tower of London
Venice	canals, gondolas
Sydney	the Harbor Bridge
서울	?
부산	?

도시의 두 얼굴. 도시의 얼굴을 바꾸는 작업은 성형이 전부가 아니다.

한 도시 브랜딩은 미래 사회를 대비한 도시의 중요
한 자원이 되며, 도시라는 그릇 속에 사람들의 행동
과 모습을 향기롭게 만들어 주고 오래도록 기억되게
하는 일이다.

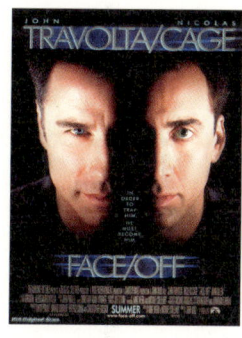

영화 〈페이스 오프〉의 포스터.
사람의 얼굴에 따라 운명이 바
뀌듯이, 도시도 그 모습에 따라
운명이 달라진다.

　　존 트라볼타와 니콜라스 케이지 주연의 〈페이스
오프〉라는 영화를 기억하는지? 얼굴이 바뀌어 서로
다른 운명을 살아야 하는 것이 영화의 주된 줄거리
이다. 오랫동안 살아온 우리의 도시들도 그 얼굴에
따라 그 운명을 달리하게 되지 않을까?

---

1 아이슬란드 태생의 탐험가 리프 에릭슨(Lief Eriksson)은 자신이 태어난 땅이 'Iceland'라고 이름 지
어져 아무도 이 땅에 이주하려 하지 않는다는 사실을 알고, 새로 발견한 이웃한 섬을 'Greenland'라고
명명하였다. 이 이름은 효과를 거둬 사람들이 많이 이주하는 결과를 낳게 되었다. 비록 서기 1세기경의
이야기지만 도시 브랜딩과 마케팅의 중요성을 일깨워주는 사례다.
2 랜드마크는 지구와 같은 미시적 규모일 수도 있고, 도시와 같은 거시적 규모일 수도 있지만, 작게는 개
인적인 정원이나 소규모의 공공 오픈스페이스 속에서 나타나기도 한다. 따라서 랜드마크의 스케일은 주
변 맥락의 스케일과 관련이 깊다. 이러한 랜드마크는 주로 경관 속의 다른 요소들과 관련을 맺고 사람들
의 움직임에 단서를 제공한다. 즉 손끝으로 분명히 가르칠 수 있는 객관적인 실체이기 때문에 그것의 가
치는 시선을 얼마나 잘 끄는가에 달려 있다고 해도 과언이 아니다.

일본의
경관 만들기 4제

백재봉 _ 부산대학교 조경학과 교수

"화장품을 잔뜩 발라 인위적 미인을 만들기보다는 자연스런 피부와 자태를 보여주는
내면적 미인을 만드는 것이 21세기가 요구하는 진정한 미인이다.
인간이 시작하되 자연이 완성하는 설계 철학이 요구된다고 하겠다.
최소한의 인위적 손길을 가미하고 시간이 흐름에 따라 자연 스스로 완성되도록
하는 설계 전략을 이 시대가 필요로 하고 있다."

– 임승빈, "무위조경(無爲造景) – 빼기 조경", 월간 『환경과 조경』 2008년 11월호.

경관록 3법 제정의 배경

2004년 제 159회 일본 국회에서 "경관법안", "경관법의 시행에 따른 관계 법률의 정비 등에 관한 법률안" 및 "도시녹지보전법 등의 일부 개정 법률안" 등 일명 "경관록景觀綠 3법法"이 제출되면서 일본은 본격적으로 경관 관련 법 체계를 정비하게 된다. 물론 이 배경에는 동경, 오사카 등 대도시의 초고층 빌딩 건설에 따른 경관 파괴 논란과 교토시의 고찰 청련원 앞의 빌라와 대조되는 오사카의 핑크맨션 등 사회적 이슈가 세간의 관심을 끈 결과였다.

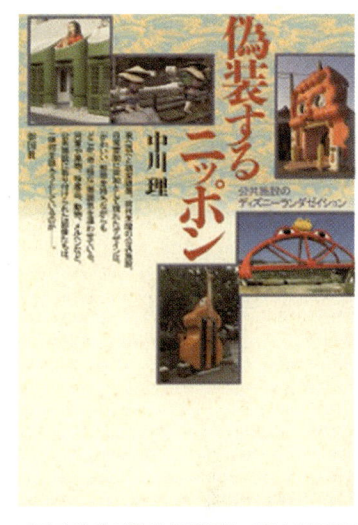

나카가와 오사무의 『위장하는 일본』(1996)의 표지

1900년대 후반, 건축을 중심으로 사회 전반에서 일본 도시의 문제점들이 지적되었는데, 건축가 이소자키 아라타磯崎新는 『일본의 도시 공간』(1968)에서 "계획된 도시의 모습은 언제나 몽롱하여 안개처럼 흩날리며 움직이는 것 같다. 확실한 미래도 없이 도시는 점점 더 그 모습을 잃어가고, 파악하기 어려워져 갈 것이다. …… 보이지 않는 도시가 진정 미래의 도시인가? 보이지 않는 도시의 내부에는 건축도 도시도 용해되어 안개와 같다"라며 도시 경관의 문제를 언급하였다.

한편, 소설가 아베 코우보安部公房는 『다 타버린 지도燃えつきた地圖』(1968)에서 "이런 풍경이 출현할 줄은 상상도 하지 못했다. 하지만 상상조차 하지 못했던 것이 문제이다. 도시는 공간적으로 항상 존재해 왔지만, 시간적으로는 이거야 진공과 차이가 없지 않는가? 존재하지만 존재하지 않는다는 것은 얼마나 무서운 일인가?"라며 상실된 토포스topos를 타 버린 지도에 비유하기도 하였다.

또한, 나카가와 오사무中川理는 그의 저서 『위장하는 일본僞裝する日本』(1996)에서 콘셉트는 있지만 리얼리티가 결여된 공공시설 디자인의 문제점을 비판하였다. 1995년 3월 와카야마현 이나미정印南町에 총사업비 9억3천5백만엔을 들여 만

와카야마현 이나미정의 개구리 다리와 돗토리현 요나고 자동차도로 미조구치 IC 옆의 주차장에 있는 도깨비 화장실

나가사키현 이사하야시 후루츠 버스 정류장

교토에 있는 사찰 청련원 앞에 건설된 빌라

들어진 일명 '개구리 다리'(노력, 인내, 도약을 상징하는 '개구리' 가 '생각하다', 사람을 '바꾸다', 마을을 '바꾸다', 고향에 '돌아오다' 등의 단어와 발음이 같은 데에서 착안한 마을 만들기 사업)와 돗토리현의 도깨비 캐릭터로 만든 화장실 등을 사례로 들어, 표층적 특성만을 강조한 일본 포스트모더니즘 디자인과 1%사업제도(1% 미술장식품제도)의 문제점을 지적하고, 이런 현상을 "디즈니랜다이제이션Disneylandization" 이라고 불렀다.

1990년 나가사키 여행박람회를 계기로 이사하야시諫早市에 신데렐라의 호박마차를 모티브로 만든, 다섯 가지 과일 형상의 '과일 버스정류소' 와 '감 박물관' 등도 비슷한 사례이지만 그 평가는 엇갈리고 있다.

한편, 1997년 경 요코하마시橫浜市 아오바다이靑葉台의 한적한 주택가에 핑크색 연립주택이 들어서자, 주민과 사회단체 등이 반발하는 사건이 발생하였다. 이 논란은 "소색騷色" 이라는 신조어를 탄생시키는 계기가 되기도 하였다. 반면, 교토의 고찰 청련원 앞에 건설된 빌라는 2004년 공공색채상을 수상하였고 요코하마의 오오산바시 국제여객터미널과 함께 환경색채 10선에 선정되어 핑크맨션과 대조를 보였다.

경관 만들기 1: 역사 경관의 보존

일본 경관 만들기의 두 축은 한국과 마찬가지로 보전과 창출(형성)이다. 경관 보전과 관련해서는 2011년 6월 현재 일본 전국에 91개 지구가 선정되어 있는 '중요 전통적 건조물군 보존지구' 가 대표격이라 하겠다.

역사경관 보전 사례로 널리 알려진 나가노현의 쯔마고妻籠는 동경에서 교토에 이르는 길의 하나인 나카센도中山道의 중간에 있는 미도노三留野와 마고메馬籠 사이의 지역으로, 여행자를 위한 숙박시설과 물류 운반을 위한 사람과 말의 중계시설을 갖춘 곳으로 슈쿠바宿場 또는 슈쿠宿라고 한다.

쯔마고 지역은 '보전과 개발' 논의 속에서 역사 마을 보전의 선구적·실험적 계획으로 많은 주목을 끌게 되었다. 즉, 보전의 대상을 종래의 개별건축물 중심의 '점' 개념에서 경관 및 환경을 포함한 '면' 개념으로 확장시킨, 이념에서 실천 단계로 이행시킨 의의를 지닌 사례로 1976년 일본 최초로 중요 전통적 건조

나가노현 남서부 키소군 미나미 키소마치의 쯔마고

물군 보존지구로 지정되었다.

1971년 주민의 자발적 참여에 의해 관광자원(건물, 대지, 농경지, 산림 등)에 대한 '매매 금지', '임대 금지', '훼손 금지'의 3원칙을 지키겠다는 쯔마고선언이 선포되었으며, 1983년 쯔마고쥬쿠보존재단이 설립되고 1990년 '재단법인 쯔마고를 사랑하는 모임'으로 발전하여 주민 참여에 의한 경관 보전을 이루어가고 있다. 타카야마高山시와 카나자와金尺시의 전통가로보존지구도 좋은 사례이다.

경관 만들기 2: 지역 자원을 활용한 이미지 창출

큐슈 쿠마모토현의 최북단, 표고 320~800m의 지역에 위치하며 산림 면적이 78%를 차지하고, 여섯 개의 온천을 지닌 오구니마찌小國町는 1985년 철도 노선이 폐지되어 마을이 침체되어 있었다.

오구니마찌는 단순히 농업 생산성을 높이는 것으로는 지역 발전이 불가능하다고 보고 문화산업, 이벤트 산업을 수용할 수 있는 기반시설의 구축을 통해 마을의 이미지를 일신하는 방향으로 마을 만들기를 전개하기 시작하였다. 이러한 지역 활성화 운동의 개념을 담은 것이 '유우키悠木의 고향 만들기 시나리오'로서, 오구니삼나무小國杉를 이용한 일련의 목조건축물 건설 사업이 가장 주된 사업이었다.

오구니마찌는 중산간지방이라는 고정관념에서 벗어나 전형적인 농림업의 부흥을 통한 지역진흥이 아니라, 그 지역이 지닌 자원을 활용하여 지역 주민들에게 이상적인 생활공간을 만들어줌으로써 농산촌에서는 충족시킬 수 없었던 문화·예술·산업·생활이 융화된 균형 잡힌 삶을 영위해 갈 수 있도록 하는 지역

중요 전통적 건조물군 보존지구, 타카야마시

카나자와 히가시차야

숙박교류시설 목혼관

버스터미널 겸 관광정보센터인 유우 스테이션

실내체육관 겸 공연장 오구니돔   교류거점(식당 및 온천 목욕탕) 바란

진흥의 개념을 정립하였다.

그 결과 1987년 완공된 '유우 스테이션', '임업종합센터', 1988년에 완성된 실내체육관 '오구니 돔', '물산관物産館', 숙박교류시설인 '목혼관木魂館' 등 공공 시설물들이 오구니의 이미지를 전국에 널리 홍보하는 역할을 하였으며, 오구니를 찾는 방문객의 증가는 물론 이런 시설을 활용하여 실시된 각종 이벤트가 인근 지역 주민의 큰 관심을 끌었다. 이러한 움직임은 공공시설뿐만 아니라 개인 소유의 주유소 건물, 은행 건물, 기념품 판매점, 가구점, 레스토랑, 음악 홀, 주점 등의 목조건축물 건설로 이어져 행정 중심으로 시작되었던 '마을 만들기'가 주민들의 깊은 이해를 바탕으로 한 적극적인 참여로 이어진 좋은 사례로 평가 받고 있다.

이들 목조시설물들은 주민들의 다양한 활동을 지원하는 기반을 마련한다는 것이 기본 취지였지만 요우 쇼우에이葉祥榮라는 건축가가 삼나무와 유리를 이용한 독특한 디자인을 가미한 일본 최초의 목조 입체 트러스 공법을 통해 독특한 건축물을 선보여, 지역 이미지 창출과 농산촌 지역 활성화의 대표 사례로 부각되었다. 이를 통해 많은 사람들이 견학, 시찰 등의 목적으로 오구니마찌를 방문하게 되는 계기를 만들어 새로운 관광명소로 자리 잡게 되었고, 도시민과의 교류거점으로서의 역할도 수행하고 있다

지역의 자원을 활용한 기반 정비 사업이 단순한 지역 개발의 차원을 넘어서

그 지역의 새로운 경관과 이미지를 창출해냈을 뿐 아니라, 2009년 기준 인구 8,447명의 작은 마을에 연간 864,229명(최대 1994년 108만명)의 사람들이 방문하였고 숙박객 182,866명, 관광 소비 23억엔(최대 41억엔)을 기록해 마을 경관 형성을 통한 지역사회 발전의 모범으로 꼽히고 있다.

경관 만들기 3: 근대화 산업유산의 보전

2007년 4월 산업유산활용위원회 주도의 공모에 의해 같은 해 11월 30일 요코하마 항구의 적벽돌(아카렝가) 창고를 필두로 33종류 575건의 근대화 산업유산이 지정되었고, 2009년 2월 새로운 33종류 540건이 선정되어 지역의 중요 경관 자원으로 자리매김하고 있다.

세토 내해瀬戸内海 오카야마현의 이누지마大島에 위치해 있는 구리 제련소도 일본 산업 발전에 혁신적인 역할을 한 유산으로 2007년 경제산업통상부로부터 '근대화 산업유산군'으로 인정받았다.

구리는 에도시대부터 주요한 수출품으로 일본 경제를 지탱해 온 존재였으며, 제련시 발생하는 공해 문제와 원료 수송의 편리성 때문에 세토 내해의 섬들에 제련소가 건설되었다. 1909년 지역 자본에 의해 건설된 이누지마 세이렌쇼大島精錬所도 그 중 하나로 인구가 급증했던 이누지마 항구 주변은 사택과 음식점, 오락시설 등이 늘어서 있어 구리 생산에 따른 번영을 짐작하게 했다. 그러나 구리 가격의 대폭락에 의해 약 10년 정도 계속되어 오던 조업이 중단되었으며 현재 이누지마에는 구리를 생산할 때 발생하는 부산물(광재, 슬래그)을 이용한 벽돌 제작 공장 유적과 굴뚝 등이 독특한 산업경관을 형성하고 있어서 90년 가까이 계속되어 온 대규모 구리 제련 사업을 대변하고 있다.

나오시마 아트 프로젝트를 수행한 나오시마 코퍼레이션이 나오시마 후쿠다케直島 福武미술관재단을 설립하여 제련소 부근 5만여m² 부지에 항구적인 예술작품 설치를 기획, '2008년 이누지마 아트 프로젝트 정련소精錬所'를 개관하고, 2011년에는 빈집을 예술작품화하는 '이누지마 집 프로젝트'를 완성하였다.

건축가 삼부이치히로시三分一博志는 자연 에너지인 태양, 지열, 공기와 제련 부

이누지마 아트 프로젝트 정련소, 비지터센터, 벽돌 창고, 야나기 유키노리의 작품인 "히어로 건전지"

산물인 벽돌, 이누지마 철 등 이누지마에서 유래한 소재와 섬의 지형, 기존의 근
대화 산업유산인 굴뚝을 이용하여 여름에는 공기를 냉각시키고 겨울에는 따뜻
하게 하는 방식으로, 가능한 외부 환경에 부하가 걸리지 않는 친환경적인 미술
관 설계를 하였다. 기존의 제련소 건물 이외의 공간은 과거 모습을 거의 그대로
보존하여, 경관의 변화를 자연의 순환에 맡겨두고 있어 마치 폐허와 같은 느낌
마저 들게 한다.

　설치 예술가 야나기 유키노리柳幸典는 건축과의 협업을 통해 다섯 개의 제련소
공간을 하나의 작품으로 풀어내고 있다. 작품의 소재로 이누지마에서 생산되는
돌과 구리 제련 과정에서 파생되어 나온 슬래그 등 현지의 소재에 첨가하여, 전
후 일본을 대표하는 작가인 미시마 유키오三島由紀夫 저택의 부재를 사용하였다.

도입부터 결말까지 일체화된 하나의 공간 체험을 통해서 보는 이로 하여금 사고의 틀을 전환하게 하는 프로세스를 디자인 했다는 점에서 작가의 새로운 진면목을 발견할 수 있다.

그는 일본 근대화와 고도 경제 성장에서 나타난 사회 현상에 대해 고민했던 소설가 미시마 유키오 저택의 문과 변기 등을 분해하여 재설치하고, 일부는 고산수 정원의 형상을 만들기도 하였으며, 저서의 내용 일부를 문자 조각으로 설치하거나 붉은색 조명과 함께 비추는 등 다섯 개의 공간을 "히어로 건전지"라는 작품으로 완성했다. 한때 제련소로 융성했으나 현재 남겨진 것은 굴뚝과 창고 유적밖에 없는 이누지마의 모습과 미시마 유키오를 소재로 하여 근대화와 버블경제 붕괴 이후 일본의 존재 방식에 대한 고민을 하나의 이데올로기로 표현하였다.

이제 한국에도 많이 알려진 나오시마 아트 프로젝트와 함께 세토 내해의 섬 경관이 변화하고 있다. 산업유산들에 이야기를 부여하고 특색 있는 경관을 형성시켜, 지역의 이미지 창출은 물론 새로운 지역 진흥의 프로토타입으로 평가 받고 있어 찾는 이의 발길 또한 끊이지 않고 있다.

경관 만들기 4: 자연, 경관계획의 소재이자 주체

드라마 '아테나의 전쟁' 로케이션 촬영 장소로도 알려진 요나고시^{米子市} 인근의 한적한 시골마을 사이하쿠군 호우키쵸 스무라^{西伯郡 箒伯町 須村}에 세계적 사진가

우에다 쇼지의 사진박물관 전경과 멀리보이는 대산

우에다 쇼지植田正治의 사진박물관이 서 있다. 본인으로부터 기증 받은 15,000점의 작품을 소장, 상설 전시하고 있다. 이 사진미술관은 고향을 떠나지 않고 산인山陰지방의 하늘, 사구를 배경으로 피사체를 오브제와 같이 배치시켜 촬영하는 독특한 스타일로 사진의 발상지 프랑스에서조차도 "우에다 풍"植田 調(우에다 초우 Ueda-cho)으로 인정받은 사진작가 우에다의 예술과 프로필을 소개하고 있다. 건물의 형상은 1939년 우에다의 작품 '소녀사태少女四態'를 모티브로 하여 설계되었다. 분절된 노출콘크리트 건물 사이로 보이는 호우키 후지伯耆富士의 형상을 하고 있는, 사철 변화하는 다이센大山이 수면에 반영되어 거꾸로 보이는 모습을 조망할 수 있다. 이곳을 보고 있노라면, 자연은 경관계획의 소재이지만, 생동감 있게 변화하는 모습은 스스로가 경관계획의 주체이기도 함을 보여주고 있다. "인간이 시작하되 자연이 완성하는 설계철학"이 아닐까?

연구 과제의 사례지로, 현장 답사로, 또 개인 여행을 통해 일본의 꽤 많은 곳을 다녔다. 일본의 43개현을 다 돌아보겠다는 목표는 아직 요원하지만, "역사 경관, 지역 자원, 산업유산 그리고 자연"이란 네 가지 키워드를 바탕으로 인상 깊었던 몇 군데를 선정하여 일본의 경관 만들기 사례를 살펴보고자 했다.

글을 쓰는 지금도 그 풍경들이, 만났던 그 사람들이 눈에 선하다.

ColorScape, 도시 경관 VS 색채

김 대 수 _ 혜천대학교 도시환경조경과 교수

"모든 일에 있어서 문제의 정확한 진단과
원인의 파악은 문제를 성공적으로 해결하기 위한
시작이 된다. 도시 경관의 문제는 단순히
물리적 · 시각적인 문제로 볼 수 없으며
경제적 · 사회적 · 문화적 · 제도적인 문제들이
복합적으로 작용하여 초래된다.
도시 경관의 문제가 주로 시각적으로 인지되기는
하지만 근본적인 문제 해결을 위해서는
다각적인 노력이 병행되어야 한다."

– 임승빈, 『도시경관계획론』, 집문당, 2008.

지방자치의 본격화로 도시의 경쟁력이 매우 중요하게 부각되고 있다. 지역의 고유한 경관을 잘 살려 활용하거나 새로운 경관 자원을 조성하는 것이 도시 경쟁력을 강화하는 유효한 수단이 되고 있다. 2007년 경관법이 제정되어 바야흐로 합법적인 법제적 틀 안에서 경관을 체계적으로 조성·관리하는 시대가 된 것이다.[1] 도시의 구조는 물론 색채, 야간경관 등에 이르기까지 실정에 맞게 체계적으로 경관을 보전, 관리, 형성하는 것이 경관계획의 요체다. 도시의 인상(이미지)을 결정하는데 중요한 요소이자 경관계획의 한 부분을 차지하는 도시의 색채에 대해 생각해보려 한다.

도시 경관과 색

도시의 색채를 결정짓는 인자들을 살펴보면 우선 물체의 색은 빛이 없으면 인지할 수 없으니 지역의 위치에 따른 태양 고도가 가장 중요한 인자다. 이와 함께 대기 중의 습도와 지형, 토양과 지질, 식생 등이 지각에 있어 중요한 고려 요소가 되므로 이를 잘 꿰는 것은 도시의 경관, 색채 계획에 있어 첫 단추와도 같다.[2]

과거와 같이 지역에서 생산되는 재료만을 주로 사용하기 어려운 현대의 도시에서 각종 건설 행위로 만들어지는 도시기반시설과 건축물 등의 경관 요소들이

지형, 습도, 바람 등 자연적인 요소와 도시 개발 정도에 따라 경관은 나름의 고유한 색을 띠게 된다(대전의 도시 경관, ⓒ최원진).

전통적인 마을의 색은 지역에서 나는 자연적인 재료를 이용하기 때문에 주변과 잘 조화된다(안동 하회마을 전경(상)). 도시의 자연스러운 색채를 위해 건물의 표면을 자연 재료만으로 채우기를 강요할 수는 없으며(하, 좌), 사용 가능한 곳에 자연스럽게 적용되는 것이 바람직하다(하, 중). 또 세련된 디자인이 개입되면 인공적인 느낌이 상당부분 상쇄될 수 있다(하, 우).

자연스럽게 조화되는 색채로 구성되기를 기대하는 것은 어쩌면 불가능하다.[3] 오랜 역사를 갖고 있는 유럽의 도시들은 과거로부터 형성된 도시의 모습을 유지하기 위해 지역 나름의 재료나 색채를 사용하는 기준을 마련하여 도시의 이미지를 유지해가지만, 이와는 형편이 다른 우리나라의 도시들에서 그러한 것을 기대하기는 어렵다.

급속한 산업의 발전과 함께 우리나라의 도시화율은 90%를 넘어서게 되었다. 국민 10명 중 9명이 도시에 살고 있어 도시는 이미 대다수 국민의 삶의 터전이 되었으며, 급속한 도시의 형성 과정에서 전통적인 우리의 경관은 사라지고 전국 어디에나 비슷한 양상의 아파트와 국적 불명의 건축물군들이 자리잡고 있다.

수많은 이해관계가 상충하는 도시에서 낭만적인 자연의 색이나 그 변화를 운운하는 것이 넌센스라고 할런지 모르나 도시의 색은 도시 생활자뿐만이 아니라 그 도시를 방문하는 외지인, 관광객들에게도 그 도시를 기억하는 이미지로 남게 된다. 다양한 취향과 욕구, 경제적 형편 등에 따라 결정된 다양한 경관 요소들의 집합인 도시의 외관은 체계적인 통제가 어려운 상태가 되고 말았다. 도시의 이미지를 결정하는데 큰 비중을 차지하는 도시의 색채 문제에 해결 가능한 방법은 없는지 생각해보자.

도시 경관의 색

아이들의 방을 가지런하게 정리정돈하고 난 후, 얼마 지나지 않아 장난감이며 동화책, 온갖 것들로 방이 다시 어지러지는 것을 보게 된다. 과학적으로 표현하면 자연 현상은 엔트로피entropy, 無秩序度가 증가하는 방향으로 진행한다. 그렇다면 아이의 행동은 지극히 자연스러운 것이다. 정리정돈이 잘 된 아이의 방은 부자연스럽고 유지되기 어렵다. 여기에 비유하면, 좋다 혹은 옳다 그르다를 떠나서 성숙하고 질서정연한 도시는 엔트로피가 낮은 도시라고 볼 수 있다.

개별적 욕구를 무제한적으로 수용하거나 방임해서는 도시의 질서가 유지될 수 없다. 아이들의 경우도 점차 자라면서 스스로 자신의 영역을 정리하고 꾸미고 하는 것은 자연스러운 현상이다.[4] 무질서한 간판과 색이 범람하는 우리의 도

구조물의 표면에 덧바르는 장식적 수단으로서의 색채에 대한 일반인과 전문가의 판단 · 인식은 차이가 있다(경부고속철도 김천 구간에 있는 교각의 도장 예).

시는 지금 몇 살이나 된 것일까?

1960~70년대의 기억과 자료들을 살펴보면 우리의 도시는 대체로 단조로운 회색빛 도시였다. 재료의 한계, 경제적 여유가 부족한데서 온 콘크리트 일변도의 건축물로 둘러싸인 도시……. 지나치게 통일된 색채 배열에서나 회색지대에서는 '우울한', '무거운' 심리적 감정을 느끼게 되며, 이것이 오래 지속되면 긴장, 정서불안과 함께 생리적으로도 과도한 에너지를 소모하게 되어 권태, 피곤을 유발한다. 급속한 성장 일변도의 상황에서 동력의 주체인 도시민들의 활력을 불러일으키기 위해 무미건조하고 활력 없는 도시를 변모시키기 위해 콘크리트의 노출은 무지와 반도시적인 것으로 금기시 되어 표면에 페인트를 칠하거나 의미 없이 재료를 덧대어 가리는 것이 미덕이 되었다. 당시 도시에서의 색채는 활력을 불어 넣는 기능적 수단으로 기여했음에도 가식적 화장술이라는 부정적 의미를 떨쳐버리지는 못하였다.[5] 색채는 재질과 서로 상호작용을 하면서 어우러져

랑크로(Lenclos)는 조사 지역의 재료를 직접 채취하거나 현장 조사를 통해 기록한 후 계통화 하여 색채 팔레트를 만들고 이를 토대로 지역의 색채계획을 제안하였다(출처: 『랑크로의 색채디자인(The geography of color)』, 아키라 후지모토 저, 김기환 역, 도서출판 국제, 1991, p.8).

야지만 성공할 수 있는데 당시의 여러 상황을 감안할 때 쉽지 않은 일이었다.

1980년대 초반부터 컬러 TV의 보급과 올림픽 개최를 전후한 경제적 성장을 배경으로 급속한 도시화가 이루어지면서 다양한 색채 사용의 넘치는 욕구를 조절하지 못해 도시는 무질서한 간판과 색으로 넘치게 되었다.[6]

이때부터 도시의 색채를 계획적으로 관리해야 한다는 연구와 실천, 선진 사례의 원용 또는 응용이 이루어지기 시작하였다. 이 가운데 특히 도시의 색채를 계획적으로 조사·분석하고 지역의 독특한 색채를 만드는데 있어 랑크로Jean Philippe Lenclos는 색채 지리학geographie de couleur/geography of color이라 불리우는 실증적 조사·연구를 통해 지역의 고유한 색채 팔레트와 이를 토대로 도시의 각 구성요소의 색채 디자인 DB를 구축·제안하였는데, 그의 방법론은 이후 우리 도시의 환경색채 계획에 있어 표준적 모델로 사용 또는 응용되고 있다.[7]

우수한 방법론을 도입한 지속적인 계획과 제도 정비를 통해 일정 부분 성과를 나타내기도 했지만 아직 우리 도시의 색채가 조화롭다기 보다는 무질서하고 정돈된 것 같지 않다고 느끼게 되는 원인은 무엇 때문일까?

여러 가지 원인을 진단하고 처방할 수 있을 것이나[8] 보다 근원적이고 장기적인 관점에서의 대책은 아마도 이를 다루는 건축·조경·도시·토목·디자인·

랑크로가 국내에 설계하여 관심을 모았던 반포 힐스테이트(출처: 현대건설 보도자료)

연속적 가로 경관을 조성하기 위해서는 건축물의 입면 스터디 단계에서 인접한 주변 건물과의 조화를 고려하는 등의 노력이 이루어져야 하나 각종 심의 단계의 도서에서 이런 경우를 발견하기는 매우 어렵다.

환경 등 관련 분야의 협력이 무엇보다 중요하다. 필자가 경험한 부분만으로 전체를 평가하는데 무리가 있을 수도 있으나 건축 심의, 경관 심의, 디자인 심의 등 도시의 색채와 관련된 심의 도서를 살펴보면 관련 분야의 업역業域이 너무도 공고하게 분화되어 서로를 하나로 통합하여 완성도 높은 공간을 조성하는데 성공하는 경우는 그리 많지 않은 것 같다. 이러한 경향은 특히 계획 단계에서 관련된 분야 간의 불일치와 부조화 정도가 심하게 나타나는데, 규모가 작아질수록 그 정도가 심화되는 경우가 많다. 이는 초기 계획 단계에서 관련 분야들이 유기적으로 연계하여 통합적으로 문제 해결을 하지 못하고 있다는 반증이기도 하다. 이러한 실증은 작성된 도서에 잘 나타나 있다. 예로 조경설계도면에는 건축의 개구부 표기나 입면의 재료 등을 감안한 성과물의 작성이 미진하다거나, 건축인허가도서에 인접한 건축물 등 가로 수준의 조사·분석이 없거나 미진한 것은 가로의 맥락을 고려한 입면이나 외장을 제안하는 것 자체가 불가능하다는 팩트이다. 오로지 필지 안의 건축물과 이에 수반되는 법적 요건 맞추기에 급급하다 보니 가로 수준의 도시 경관을 고려한다는 것은 구두선口頭禪에 그치고 만다.

특히, 외부공간의 환경색채 결정과 관련하여 이를 계획·설계하는 전문가들의 의식과 실정을 조사한 결과에 따르면[9] 계획·설계시 색채 선정에 있어 주변

색채와 조화를 가장 중요하게 생각하면서도 색채는 취향의 문제이기 때문에 건축주나 현장 여건을 반영하는 것이 바람직하다는 유보적인 입장을 나타내어 의식과 태도의 불일치가 나타나고 있는 것으로 조사된 바 있다. 특히, 건축설계 관련 분야 전문가들의 경우 발주자의 영향을 상대적으로 많이 받는 것으로 나타났다. 이는 공공디자인이나 조경 등 외부공간 디자인 분야의 경우 설계의 대상 자체가 공공성을 기반으로 하는데 반해 건축물의 경우 건립 주체인 발주자의 의견이 많이 반영될 수밖에 없으므로, 도시 경관에 큰 영향을 미치는 건축물의 색채는 발주자의 개인적 취향을 그대로 반영하기 보다는 도시적 맥락의 색채 사용을 유도하는 등 건축가의 사회적 역할이 중요하다는 것을 의미한다.

또 다른 측면에서도 문제를 찾을 수 있다. 계획은 실천을 담보로 만들어지는 것이고, 그 계획의 정치精緻한 정도에 따라 완성될 계획의 결과가 가늠되어진다. 당연하게 계획의 배경이 되는 현실의 문제와 자원의 가치 등에 대한 조사와 판단이 그 근거가 된다.

색채계획의 조사와 분석 또한 마찬가지다. 최근 지방자치단체가 수립한 경관계획의 색채계획 내용을 비교해보면 조사·분석과 실천의 방법이 정교하지 못함을 알 수 있다.[10] 환경색채계획의 출발은 현장의 조사에서 출발한다. 물론 계측장비의 발달로 현장 측색이나 시료의 채집 등이 전통적인 방법을 사용하지 않아도 가능하게 되었으나 시감색視感色, 물체색物體色을 측정하는 것과 현장의 사진

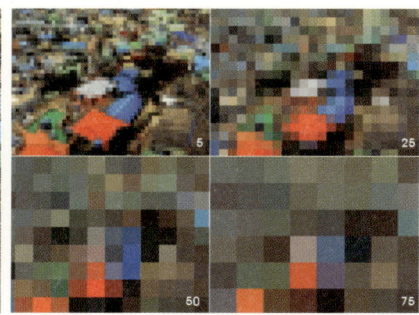

색채 조사에 사용하는 모자이크 수법에 의해 측색되는 색채값은 언제 어떤 시점의 사진을 기준으로, 그리고 모자이크 셀의 크기를 어떻게 하는가에 따라 상당한 차이를 가져오기 때문에 전문가의 판단과 현장 측색을 통한 보정 등이 필요하다(모자이크 셀의 크기를 달리한 색채 추출 예).

을 통해 기계적인 분석을 하는 것에는 차이가 있다.

  대표적 경관의 기준도 불명확한 상태에서 임의의 사진을 모자이크 처리하여 얻어진 결과 값을 팔레트로 사용하는 등 기준과 판단에 있어 문제가 있다. 아울러 이러한 결과를 활용하기 위해 제안되는 색채 사용의 범위 역시 보다 명확하고 색채 전문가가 아니라도 알기 쉽게 사용할 수 있는 방법이 제시되어야만 한다.

  잘 계획된 색채계획의 활용을 위해 제시된 색채의 표기나 활용 범위와 내용에 대해 건축이나 조경 등 환경설계 전문가들 상당수가 잘 알기 어려우며 활용하기 어렵다는 조사결과는 시사하는 바가 크다.

  환경색채분야 역시 경관의 시대에 봇물처럼 계획과 관련 산업이 활황을 맞고 있으나 그 실현을 위한 저변이나 관련 분야와의 협력은 미진한 상태여서 그 성과가 크게 드러나지 못하고 있는 실정이다. 도시의 색채로 드러나는 건축물의 표피인 외장재나 공공시설물의 재료 등으로 표출되기 어려운 이상적인 색채의 조합은 그저 컴퓨터 시뮬레이션 속에서나 가능할 뿐 실재實在의 경관이 될 수 없기 때문이다.

색이 있는 도시 경관, ColorScape

남보다 크고 강렬한 메시지를 전달하기 위해 나만 튀어 보이겠다는 자극적인 원색과 형광색 등을 무차별적으로 사용한 무질서한 간판들이 상가 건물들을 뒤덮은 지 이미 오래이고, 도시 경관의 상당 부분은 무미건조하고 주변과 조화되지 않는

건축물은 없고 자극적인 색채의 간판만 있는 생활 주변의 가로(좌). 서울 종로의 간판 정비사업을 통해 간판을 정리한 후에 가로의 배경이자 주인으로 등장한 건축물(우).

나무는 도시의 색을 풍요롭게 해준다. 무질서하고 자극적인 도시 색채 문제의 해결을 위한 효과적인 대안 중의 하나는 수목 식재다(서울 명동).

아파트 건물군으로 가득 채워져 있는 것이 전국 어디서나 맞닥뜨리게 되는 우리 도시의 경관 현실이다. 도시는 연중 쉬지 않고 광란의 색의 축제를 벌이고 있다.

이런 무질서하고 정리되지 않은 도시에서 살아가는 도시민의 눈은 위안 받고 쉴 수가 없다. 전문적인 실험 데이터를 인용하지 않더라도 가끔씩 TV 교양 혹은 오락 프로그램에서 보여주는 지속적인 자극에 반응하는 인간의 심리적 반응을 떠올려보면 도시의 많은 사회 문제의 원인이 이렇게 강하고 지속적인 색의 자극으로부터 기인하는 것은 아닐까라는 의구심이 절로 들게 된다.

도시의 색이 어떻게 변해야 할까? 해결의 묘책은 무엇인가? 문제의 아파트 색채를 개선하고 광고물의 수를 줄이고 원색의 사용을 일정 부분 억제하고 가로시설물의 통합적 디자인을 통한 개선 등 여러 가지 전문적인 해결 방안들이 제시되고, 한편으론 실천되고 있다. 그러나 도시의 색채를 정비·관리하기 위해 벌인 대대적인 간판정비·개선사업이나 특화가로 등의 경우에도 시간이 얼마간 지나고나면 아이들 놀이방 어지러지듯 하지 않는가? 획일적이고 강력한 제재만으로 다양한 색채 분출 욕구를 조절하는 것이 도시에서 얼마나 어려운가를 보여

상업가로가 너무 정리되고 질서정연하면 가로의 활력이 떨어지고 밋밋한 느낌이 된다. 과도하지 않은 수준의 색과 내용으로 가로의 활력을 일정 부분 허용하고 이를 상쇄하는 수단으로 나무를 식재하면 효과가 있다(부산 광복로).

주는 사례라 할 수 있다.

하여, 문제 해결의 한 방법으로 제안하는 것은 '나무를 심자!' 다. 뜬금 없이 나무를 심자는 것은 필자의 전공이 나무와 밀접한 관련이 있는 조경이어서는 아니다. 나무를 심는 것이 어지러운 도시 색채 문제의 좋은 해답 가운데 하나가 될 수 있기 때문이다.

전통적인 도시의 가로들이 늘어난 차량들로 인해 좁고 열악한 보행환경을 가지다 보니 나무 한그루 심기 어려운 실정임에 반해, 새로 만들어지는 도시의 가로는 넓고 반듯한데다 도로의 중앙이나 보도의 일정 부분에 나무를 심는 공간을 따로 마련한다.

보라, 지역의 기후나 토질에 적합한 수종을 선택하여 잘 관리하고 있는 도시들에 가보면 거기엔들 예의 붉거나 샛노란, 아니 심지어 검은 색의 간판이 왜 없으랴만 푸른 녹색이 배경이 되거나 완충 역할을 하여 안정감과 눈의 피로를 일정부분 덜어주어 나무 한 점 없는 곳에서와는 사뭇 다른 분위기를 만들어 낸다. 도로 가운데 운전자에게는 물론, 보행자에게도 한쪽 방향은 어디서건 녹색의 시각적 완충지대가 마련되기에 웬만한 자극 정도는 충분히 품고 있지 않은가?

무질서하거나 지루한 극단의 색채 사용을 개선하는 지속적인 문제 해결 노력과 함께, 도시의 색을 풍요롭게 하는 나무를 심자!

---

1 전국의 수많은 지방자치단체들이 경쟁적으로 상대적 우위를 지향하는데다 이러한 지역 고유의 가치를 만들어내는 전문가 풀도 한정되어 있고, 충분한 시간을 가지고 다양한 지역의 의견을 담아내기 어려운 것이 현실이다 보니 본래의 취지에 미치지 못하고 형식적이거나 대동소이한 결과들이 만들어지고 있다는 평가를 받기도 한다.

2 대기중의 습도는 빛의 산란과 관련되며, 토양과 지질, 지형은 경관의 배경으로서 중요한 인자가 되기 때문에 지역마다 고유한 이미지를 나타내는 풍토색(風土色)이 있음을 선행 연구들이 밝히고 있다.

3 혹자는 도시의 다양한 욕구, 특히 개인의 취향 문제인 색채를 계획하고 컨트롤하겠다는 발상이 가당한 것이냐고 다그치기까지 한다.

4 엄밀하게는 저절로 그리 되는 것이 아니라 교육의 과정을 통해 학습되거나 스스로 어질러진 것의 문제나 불편을 자각하거나 하는 과정을 거치게 된다. 다시 말하자면 시민들의 도시에 대한 이해와 공감에 바탕을 둔 자발적 참여가 생길 수 있는 시간과 과정, 학습이 필요하며 단기간에 관 주도형의 일방적 성과주의로는 성과를 기대하기 어렵다.

5 건축가 승효상은 이러한 페인트를 이용하는 행위에 대해 '뺑끼칠 문화'라는 극단의 표현을 사용하며 저주한 바 있다("진실을 뭉개는 '뺑끼 문화'", 중앙일보 2003년 7월 22일자). 조경의 시대라고 한다. 이 말에 동의한다면, 또한 지금은 경관의 시대이기도 하다. 조경은 글자 그대로 경관을 만드는 전문분야이기 때문이다. 그러나 한편 이 말은 공허하다. 도시를 만들어가는데 힘을 같이하는 건축, 도시, 토목, 환경 등 제 분야에서 이러한 변화에 공감하고 흔쾌히 동의하는가? 일반의 생각도 그러한가? 조경을 하는 사람들끼리만 통용되고 소비되는 말은 아닌지 돌아볼 일이다. 최근 일간지의 기사에 노정되고 있는 '조경'이라는 단어는 개발의 면죄부를 가름하는 치장의 수단이나 부정적 의미로 사용되기까지 한다. 구체적인 예를 들자면 소프트웨어 산업의 문제를 설명하다 빗대어 '아파트 단지에 나무를 심고 연못을 만든 뒤 "쉬리가 산다"고 떠드는 조경업자와 같은 인공적 발상'("헛발질하는 소프트웨어 정책", 조선일보 2011년 9월 14일자)이라든가, '청계천' 같은 '조경하천'으로 '변질 우려' 등("도심 복개천, 2015년까지 30곳 추가 복원", 한겨레 2011년 4월 18일자)과 같이 '조경'이 매우 부정적인 느낌으로 사용되고 있고 이런 부정적인 용어가 굳어져버리면 '조경'이나 '경관'이 설 자리가 어디일까? '조경'은 지금 심각한 정체성의 문제를 고민해야 할 시점이다. 이에 대한 본격적인 논의가 요청되나 이에 대해서는 다른 지면을 통해 생산적 토론을 기대해본다. '조경'은 물론 '경관'도 '색채'도 지금 위기의 시대를 맞고 있다.

6 원색의 남용과 과도하게 복잡한 색채 환경을 경험하게 되면 심리적·생리적 충격과 갈등, 혼돈이 야기된다. 따라서 색채 환경은 그 사회 내부에 생활하고 있는 모든 시민의 건강, 안전, 긍지, 질서를 심어주는 여건이 될 수도 있고, 반대로 사회 범죄를 촉발하는 혼돈의 도가니로 변할 수도 있기 때문에 사회적인 문제로 볼 수 있다.

7 색채의 지리학이라는 컨셉 하에 프랑스 각 지방 주거의 색채 팔레트를 제작하여 각 지방의 사회문화적 특성을 감안하여 색채 사용방식을 제안한 바 있으며, 프랑스는 물론, 일본, 우리나라 인천공항의 색채 자문과 현대건설 힐스테이트 아파트 색채계획을 통해 환경색채의 이론과 실천에 큰 영향을 미치고 있다.

8 김대수, 『도시 경관의 통합적 개선을 위한 색채관리 제도 연구』, 2003 참조

9 김대수, "환경색채 개선 방안에 관한 연구 - 환경계획·설계 전문가들의 의식과 현황을 중심으로", 2011 참조

10 김대수, "우리나라 지방자치단체 경관계획의 색채계획 비교 연구", 2005 참조

Urban Floral Design,
광장의 봄!
봄, 봄, 봄, 봄,
봄이 왔어요!

김영진 _ 환경조형연구소 LeaF 대표

"인간이 일정 환경 내에서 쾌적하게 느끼는 정도는
인체의 오관을 통해 직접적으로 감지되는 자극의 질에 의하여
많은 부분이 좌우된다. 일정 장소의 기온, 바람, 소음, 대기오염,
조명, 색채 등과 같은 인자는 장소의 쾌적함을 결정하는
중요한 사항들이다. 이들 요소의 변화에 따라 인간의 심리적 상태,
행동에 변화를 초래하며 이들을 적절한 수준으로
유지시키기 위한 노력은 환경설계에 중요한 고려사항이 된다."

– 임승빈, 『환경심리와 인간행태』, 보문당, 2007.

언어로 보는 봄

나른함과 포근함은 도시 생활에서 느낄 수 있는 대표적인 봄 기운이다. 따스한 봄날 매년 도시를 무심코 지나칠 때마다 거리 혹은 광장 등의 오픈 공간에서 봄맞이를 기념하듯 새로운 꽃단장을 서두르는 모습들을 자주 보곤 한다. 도시의 공공환경에서 1년에 2~3차례 관행적으로 이루어지는 이러한 꽃단장 행위들을 우리는 주로 가로화단 조성 혹은 초화식재 조성 등으로 불러왔다. 이러한 조경 행위는 영어 표기로 Landscape architecture design이라고 표현하듯 디자인 design이라는 단어가 포함되어 있다. 이에 앞으로는 꽃을 포함한 소규모 식물을 이용한 조형 활동을 화예디자인floral design이라는 용어로 표현하는 것이 바람직할 것이다. 사용되는 용어를 어휘로 구분해보면, 식물을 이용한 소재 및 재료를 중심으로 꽃이나 식물을 꽂거나 조합하는 행위 등을 화훼花卉 디자인이라 하고, 시각적 · 감성적 · 심미적 내용 및 개념 등을 포괄하는 조형 · 디자인 행위를 화예華藝디자인이라 한다. 또한 영어 표기로는 Floral design, Flower design 등의 용어를 혼용하며 사용하고 있다. 이러한 화예디자인은 실내를 장식하는 전통적 꽃꽂이 문화에서 비롯되어 주로 옥내의 한정된 공간에서 활용되어 왔었다. 그러나 개화기와 사변을 겪으며 서구 문화의 유입이 본격화된 시대부터 서서히 변천된 꽃 문화는 20세기말부터 학문적 연구의 범위로 인식되어 대학에서 관련 학과 및 유사전공들이 설립되기 시작하였다. 이에 본격적으로 화예디자인은 실내와 실외 공간을 넘나들며 구획과 경계가 없는 다양한 영역으로 그 활동 범주를 확대해 가고 있다.

눈으로 보는 봄

조경과 화예디자인의 공간적 범위를 살펴보면, 조경의 경우 주로 외부공간을 대상으로 하며 주택의 정원과 같은 소규모 공간에서부터 산 · 공원과 같은 대규모 공간까지를 공간적 대상으로 한다. 그러나 화예디자인의 경우 실내에 화기를 이용하여 구성된 작품을 전시하는 것에서부터 광장, 거리 등에 조성하는 등 다양한 공간적 범위를 가지고 있으나 조경에 비해 비교적 소규모이다. 조경과 화예디자인은 식물을 주요한 소재로 한다는 공통점이 있다. 조경은 교목과 관목을 주요 소재로 하나, 최근 지피와 초화류를 적극적으로 사용하고 있는 추세를 보이고 있다. 이에 반해 화예디자인은 절화, 조화 등을 주요한 소재로 사용하였으나, 최근 디자인의 다양화와 실내의 제한적 공간에서 탈피하려는 시도로 인하여 조경에서 많이 사용되던 초화와 지피 등을 적극적으로 도입하고 있는 경향을 보이고 있다. 이에 공공장소에 조성되는 화예디자인은 조경학의 기초분야 중 환경미학, 화훼학, 조형예술 등과의 적극적인 교류가 요구되며 이러한 공통점과 차이점을 아래 그림과 같이 설명할 수 있다.[1]

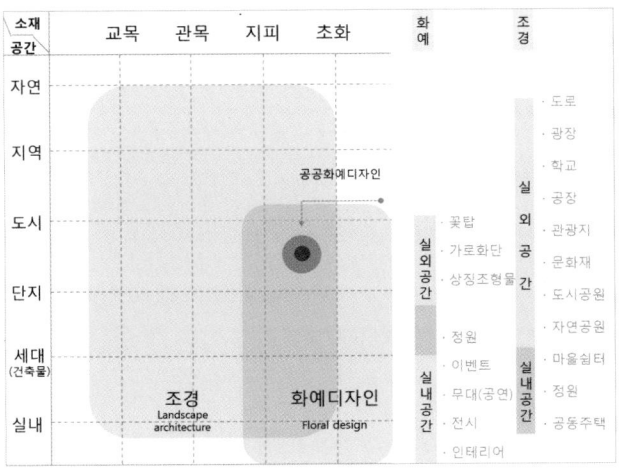

조경과 화예디자인의 범주

앞에서 거론된 바와 같이 학문적 인식 변화와 영향으로 디자인 측면에서 화예디자인의 활용성과 연구 가치가 점차 확대되고 있으며, 활동 범위도 옥외공간으로 확장되어 공공의 범주인 도시 미관까지도 영향을 미치고 있다. 이러한 양상을 감안했을 때, 경관적 측면에서 화예디자인은 앞으로 시·지각적인 공공성과 대중성에 점층적으로 많은 영향을 미치게 될 것으로 사료된다.

가슴으로 보는 봄

도시의 녹화 또는 녹지화는 도시 경관을 푸르게 한다(표면적 녹시율 증가)는 원론적인 측면에서 주로 강조된다. 그러나 공공 화예는 동일한 식물의 특성을 이용하면서도 경관의 화려함과 다양한 색상을 표현하고 시각적으로 쾌적성에 대한 심미적 욕구를 상승시키는 효과를 가지고 있다. 도시 생활에서의 이러한 쾌적성 즉, 어메니티amenity에 대한 욕구는 아래 그림²과 같이 지속적으로 증가하며 공공디자인의 물리적 · 문화적 · 심리적인 모든 가치 편익에 영향을 미치게 된다.

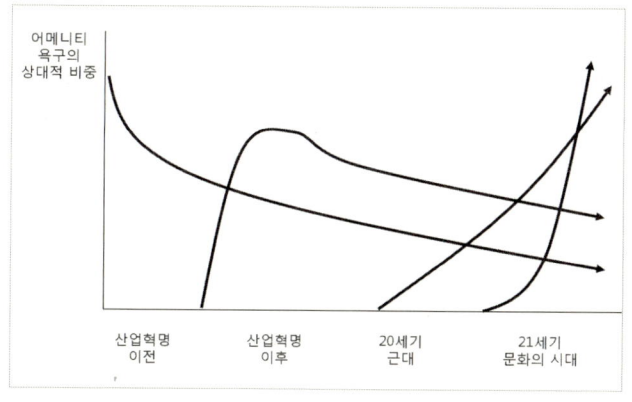

도시 어메니티 욕구의 변화

　이렇게 쾌적한 도시 공공환경을 조성하는 어메니티-디자인Amenity-design 중 화예디자인이 가장 근접하고 대표적이며 직접적인 영향을 주는 공공디자인 사례라 할 수 있다. 또한 꽃을 포함한 화예 식물은 도시 공간에 심리적으로 안락한 환경을 제공하며 도시인들의 긍정적인 삶에 영향을 미친다. 또한 화예 식물의 일반적 기능을 살펴보면 공기 정화, 심리적 안정감 유발, 심미적 만족도 상승, 온도 조절, 섬광과 소음 감소, 오염물질 제거, 불쾌한 풍경 차폐, 상대습도 상승 등의 효과를 지니고 있다. 그러나 필자가 지닌 유년의 기억이 잔존하는 1970년대부터 지금까지 도심의 대표적 화예디자인인 꽃탑 및 가로 화단의 유형은 문화적 · 경제적 발전과는 동행하지 않는 듯 그 발전이 더디게 느껴진다.

　이렇게 체감되지 않을 만큼 그 발전 속도가 더디게 느껴지는 도시의 가로 및 광장에 조성되는 공공 화예의 대표적인 문제점은 다양하지 않고 획일화된 디자인 유형과 매년 반복적으로 유사한 화예 수종을 사용한다는 점을 대표적으로 들수 있다. 이는 조성 금액만을 중심으로 하는 수의계약 방식과 공간 혹은 조성 지역의 역사, 문화, 환경, 심미 등을 전혀 배려하지 않고 조성하고 있기 때문이다. 디자인 측면에서의 공간 해석은 공간 본연의 공공성과 다양성을 복합적으로 유지해야함에도 불구하고 행정적으로 배척된 정책적 사고는 공공환경을 오히려 경직된 디자인을 양산하는 공산품 생산 공장의 컨베이어 시스템과 같은 불쾌한 과오를 번복하게 할 것이다. 정책적으로 미흡한 사고를 보이고 있는 대표적 예로서, 우리나라 수도이며 대표 도시인 서울시의 경우 이미 발표된 디자인 가이드라인에서 공공공간 및 공공시설물 중 녹지 및 식재 관련 가이드라인조차도 공간의 유형과 특성이 고려되지 않은 모호한 기준으로 권고되고 있다. 2007년에 발표된 '디자인 서울 가이드라인' 중 광장이 포함된 공공공간에는 여러 시설물이 포함되어 있으나 그 중 녹지 시설물과 기타 시설물로 가로화분대, 화단 그리고 상징조형물 등의 불명확한 구분으로 화예디자인의 유형이 애매하게 기술되어 있다. 또한 현황 및 문제점[3]으로 디자인의 산만함, 자연재료를 인위적으로 모

공공시설물의 현황 및 권고 이미지

방하여 이질감 형성, 관할 자치구 등의 두드러진 명패, 필요 이상의 크기로 보행공간 침해 등을 명기하고 있다. 경관계획을 포함한 각 시설과 그 유형에 따른 세부기준 혹은 설치 규정 등은 전혀 안내되고 있지 않고 권장 이미지만을 제시하고 있다.

이렇게 공공시설에 대한 애매하고 모호한 기준으로는 친환경성을 강조하는 사회적 분위기와 도시 브랜드 향상을 위한 지속가능한 디자인 정책을 도모하는 정책들과 순행하기는 쉽지 않을 것으로 판단된다. 또한 정책적으로 기준이 없는 권고사항만으로는 공공 화예디자인 조성 및 관리의 문제점 및 공공가치의 인식 부재를 지속적으로 드러나게 할 것이다.

문화로 보는 봄

도시 이미지의 시각적 영향력이 높은 도시의 가로 및 광장에 특화된 화예디자인을 조성하면 도시에 대한 인식과 더 나아가 국가의 이미지에도 많은 영향을 주게 된다. 그 예로 영국은 도시 전체의 정체성identity 확립을 위한 도시별 화예디자인 전문가를 채용하여 월별 · 계절별 화예디자인 계획을 수립하고 있으며, 이는 도시의 차별화와 관광수입 및 경제발전에도 영향을 미치고 있다. 또한 네덜란드는 화예디자인 전문가 채용뿐만 아니라 '플라워 디자인 트렌드 팀'을 운영하여 지속적인 관리와 계획을 수립하는 행정적 체제를 가지고 있다.[4]

또한 도시 이미지를 정책적으로 구축하려는 노력으로 공공 화예디자인을 활용한 다양한 축제 행사 및 종교 활동을 지향하고 활성화시키고자 여러 나라들이 노력하고 있다. 그 대표적 사례로 쇠퇴하던 스페인 빌바오 시를 회생시키기 위해 건립된 구겐하임 미술관 앞에 전시된 제프 쿤스Jeff Koons의 대형 토피어리 작품인 꽃으로 만들어진 강아지puppy는 전 세계의 수많은 관광객을 유입하고 있다. 또한 스페인의 성체축제 기념행사와 매 2년마다 개최하는 벨기에의 수도 브뤼셀 그랜드광장에 조성되는 대형 플라워 카펫 등을 들 수 있다. 이러한 꽃을 포함한 식물을 이용한 공공디자인 정책은 관광과 문화의 발전에 현저히 기여하며 도시와 국가의 브랜드 가치도 동시에 향상시키는 기능을 수행한다.

공공 화예디자인의 해외사례(출처는 아래에 표기)

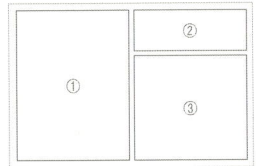

① Puppy, museum Guggen-heim, Bilbao, 1997(Taschen, Spain, 2009, p.377.)
② http://www.bbc.co.uk/news/world-africa-19275410
③ Daniel Ost, Callaway, New York, 1998, 2000, p.212.

    그러나 공공장소에 조성되는 화예디자인은 식물을 주요 소재로 사용하기 때문에 생태적 특성을 고려한 디자인으로 조성되지 않으면 식물의 부패 등으로 오히려 도시 경관을 저해하는 요소로 작용될 수도 있다. 이에 체계적이고 검증된 공공디자인적인 접근, 사회문화적인 가치 표방, 시대성 요구에 부흥하는 감성적

트렌드trend를 포함하며 사회 · 문화적 가치를 고려한 디자인을 해야 할 것이다. 그러한 가치는 모호한 감성에 호소하기보다는 제도적으로 구축된 정량적 평가기준 및 공모 기준을 확립하고 관계분야의 전문가 검증을 거쳐 공공 화예디자인 조성을 위한 객관적인 평가시스템이 자리매김 되어야 할 것이다. 물론, 이러한 평가기준은 현재 시행되고 있는 미술장식품 심의제도와는 달리 식물성 · 생태성이라는 특성이 주요한 관리기준으로 적용되어야 할 것이다. 이러한 공공성의 가치 실현에 부흥하기 위한 공공 화예디자인 평가기준은 서울우수디자인인증제도 등, 객관적 심의가 필요한 공공시설의 세부단위별 기준 및 평가척도에 기여하게 될 것이다.

심의 기준은 크게 디자인 산업적 측면과 디자인 산업 외적 측면의 두 가지 영향범위를 설정할 수 있다. 디자인 산업적 측면에서는 품종, 소품 등, 생산과 디자인에 있어 다각적 경쟁을 유도하여 점층적으로 화예디자인을 질적으로 수준 높게 향상시키게 할 것이다. 또한 공공 화예디자인 조성의 다각적 경쟁력으로 주변 산업의 수요도 높아지게 되며 스트리트 퍼니처street furniture 관련 디자인 분야의 시너지적인 발전과 효과도 기대할 수 있을 것이다. 그 외 산업 외적 측면에서는 공공 화예디자인 기준 설정은 우리나라를 녹색 환경 도시디자인의 국제적 사례 대상지로 부각되게 할 것이며, 내부적으로는 시민의 생활환경 개선 및 질적 향상에 기여하여 도시 삶의 만족도 상승을 적극 유도하게 될 것이다.

---

1 김영진, 『공공 화예디자인 이미지 특성 및 평가기준 연구』, 서울대학교 대학원 박사학위논문, 2012, p.2.
2 전영옥, "어메니티가 도시경쟁력이다", 삼성경제연구소 Information 384호, 2003, p.5.
3 디자인서울가이드라인의 공공시설물 가이드라인, 4.21 녹지 시설물: 가로 화분대, p.172.
4 주간 조선 2004년 3월 28일, 1785호

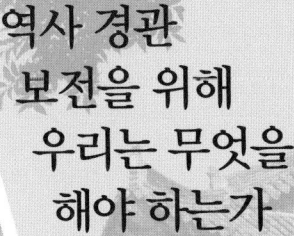

역사 경관 보전을 위해 우리는 무엇을 해야 하는가

최형석 _ 수원대학교 도시부동산개발학과 교수

"21세기를 맞이하여 우리나라가 세계화로 나아갈수록,
그리고 삶의 질이 중요한 과제로 부각될수록 우리나라의 정체성 확립과
문화환경 기반 조성의 중요성은 더욱 커지고 있다.
한 나라의 정체성 확립에 있어서 문화 활동의 비중은 지대하다.
고유한 문화 전통의 확립은 곧바로 정체성의 확립으로 이어지며
정체성의 확립이 이루어져야 세계화도 성공적으로 이룩할 수 있는 것이다."

– 임승빈, 『조경이 만드는 도시』, 서울대학교 출판부, 1998.

역사 경관의 개념

모든 사람들은 선조들이 만들어 놓은 역사적 맥락context 속에서 태어나고 그 속에서 산다는 것은 결국 그 역사가 만들어 놓은 질서를 배우고 다시 새로운 역사를 만들어 간다는 것을 의미한다.

　역사는 인간이 거쳐 온 모습이나 인간의 행위로 일어난 사실, 또는 그 사실에 대한 기록으로서 물리적 공간을 구성하는 다양한 요소들(자연요소: 나무 혹은 산림, 하천, 바다 등 / 인공요소: 건축물, 구조물, 시설물 등)과 이러한 요소들로 구성되는 일단의 공간에 연속적인 흔적을 남기게 된다. 따라서 지역의 경관은 지리적 공간과 그 속에서 삶을 영위하는 사람들에 대한 이해를 도와주고, 더 나아가 장래를 예견하는 토대가 될 수 있다.

　이렇듯 모든 경관에는 역사가 스며들어 있으며, 따라서 모든 경관은 과거로부터 현재에 이르기까지 계속적으로 변화하는 역사 경관이라 할 수 있다.

> A geographic area, including both historic and natural features, associated with an event, person, activity, or design style that is significant in history. Historic landscapes are a subset of the more inclusive term, "cultural landscape."
>
> - Historic Landscape Definitions Compiled by Camille Fife and Barbara Wyatt

　역사 경관은 문화 경관의 유형에 포함되는 협의의 개념으로 역사적으로 중요한 의미를 지니는 경관이라 할 수 있으며, 우리나라의 경우는 그 대표적인 예가 문화재라 할 수 있고, 그 밖에도 전통 한옥, 근대 건축물, 지역의 향토 유적 등이 그 범주에 속한다.

역사 경관 보전의 필요성

역사 경관의 역할은 무엇인가? 우선 문화유산으로서 고유한 가치를 지님으로써 과거와 현재를 연결하는 문화적 연속성을 제공하며 역사 교육을 위한 자료로 이용될 수 있다. 뿐만 아니라 그 지역에 정체성을 부여함으로써 지역 주민들에게 지역적인 소속감 및 타 지역에 대한 우월감을 가질 수 있도록 한다. 도시 지역에

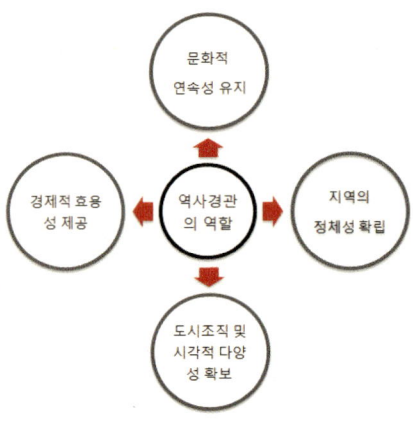

문화적
연속성 유지

경제적 효용
성 제공

역사경관
의 역할

지역의
정체성 확립

도시조직 및
시각적 다양
성 확보

역사 경관의 다양한 역할

있어서는 도시를 조직하는 요소들의 구성에 있어서 다양성을 확보함으로써 미적 측면에서 시각적 다양성을 제공하는 한편 다원화된 도시 지역에서의 다양한 문화 욕구를 충족시켜 줄 수 있다. 또한 경제적인 측면에서는 앞에서 언급한 역할들로 인하여 도시 재생과 관광객 유치의 효과를 기대 할 수 있다.

역사 경관의 역할은 곧 역사 경관 보전이 필요한 이유이기도 하다. 우리나라를 비롯한 많은 국가들은 이러한 역사 경관에 대한 인식을 바탕으로 역사 경관을 보전하고자 다양한 노력들을 경주하고 있다. 이는 역사 경관 보전이 장기적으로 그리고 사회 전체적인 관점에서 이익이 될 수 있다는 판단에 근거한다.

역사 경관 보전을 위한 논의 사항

이제 우리는 역사 경관 보전 실현의 측면을 다양한 관점에서 논의해볼 필요가 있다.

첫 번째는 보전 대상의 범위에 관한 논의다. 문화재와 같은 역사 경관은 문화재보호법에 의한 박물관식 보호를 받기 때문에 원형 보존에 별문제가 없다. 하지만 그 밖의 전통 한옥이나 근대 건축물 등의 역사 경관은 원형 보존을 위한 제도적인 장치가 없으며, 설사 원형이 훼손된다 하여도 복원을 위한 노력은 매우 어려운 것이 현실이다.

또한 역사 경관 자체는 객체로서 보전이 잘 된다 하여도 역사 경관과 함께 주변지역을 보전하지 않으면 역사 경관과 주변과의 부조화, 역사 경관의 문화적 가치를 감상할 수 있는 기회의 박탈, 역사 경관 자체의 역사적 분위기 상실 등의 문제들이 발생할 수 있다. 역사 경관 보전은 보전 대상인 역사 경관 자체를 보호

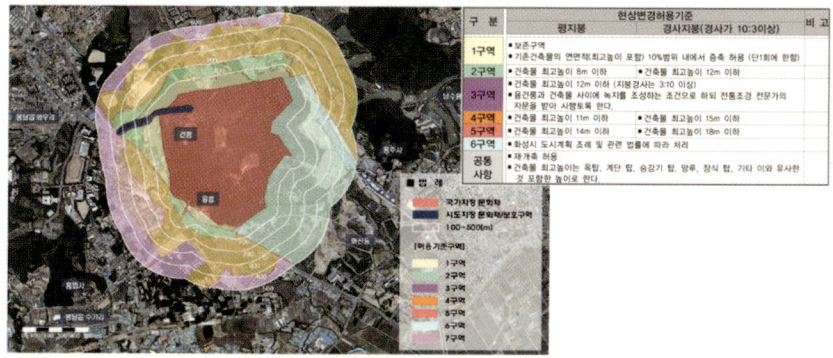

구 분		현상변경허용기준		비 고
		평지붕	경사지붕(경사가 10:3이상)	
보존구역	1구역	• 보존구역		
		• 기존건축물의 연면적(최고높이 포함) 10%범위 내에서 증축 허용 (단1회에 한함)		
보존구역	2구역	• 건축물 최고높이 8m 이하	• 건축물 최고높이 12m 이하	
	3구역	• 건축물 최고높이 12m 이하 (지붕경사는 3:10 이상)		
		• 용건릉과 건축물 사이에 녹지를 조성하는 조건으로 하되 전통조경 전문가의 자문을 받아 시행토록 한다.		
	4구역	• 건축물 최고높이 11m 이하	• 건축물 최고높이 15m 이하	
	5구역	• 건축물 최고높이 14m 이하	• 건축물 최고높이 18m 이하	
	6구역	• 화성시 도시계획 조례 및 관련 법률에 따라 처리		
공통 사항		• 재개축 허용		
		• 건축물 최고높이는 옥탑, 계단 탑, 승강기 탑, 망루, 장식 탑, 기타 이와 유사한 것 포함한 높이로 한다.		

경기도 융건릉 주변의 현상변경허가 구역(역사문화환경 보존지역)과 기준
(출처: http://www.gis-heritage.go.kr/common/gis_g/GisMain.do)

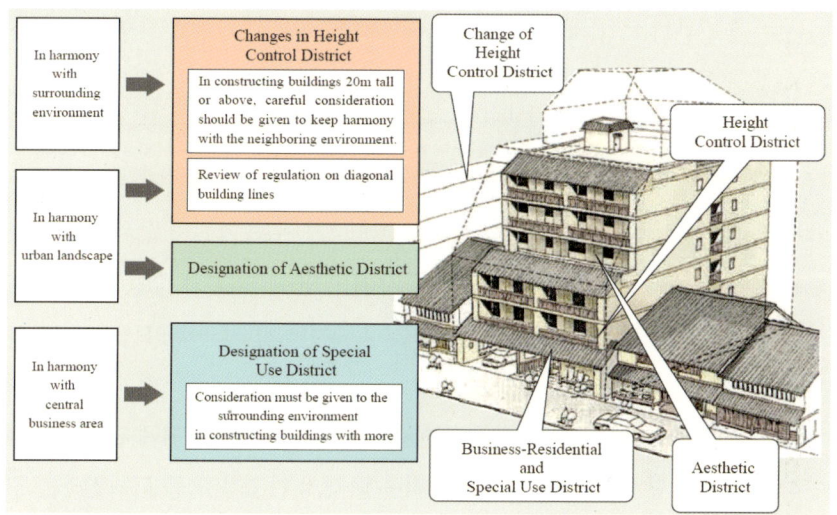

신축 건물과 역사적 건축물과의 조화
(京都の景觀 2章, 출처: http://www.city.kyoto.lg.jp/tokei/page/0000057538.html)

하고 복원함으로써 원형의 상태로 보전하는 것이 우선이지만 반드시 그 주변지역도 함께 보전하여 역사 경관의 역사적, 문화적, 경관적 가치를 유지해야만 보전의 당위성을 확보할 수 있다.

두 번째로 보전을 위한 실천 수단에 관한 논의다. 보전 목적의 실천 수단은 크게 공공과 민간에 의한 행위로 구분이 가능하다. 중앙정부 부처 및 지방자치단체와 같은 공공이 할 수 있는 행위들은 개별법(문화재보호법, 경관법, 국토의 계획 및 이

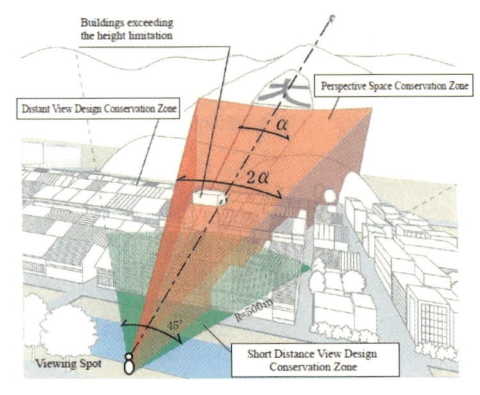

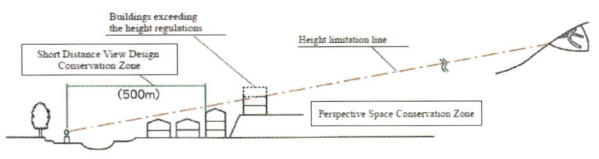

조망 보전을 위한 고도제한과 근경(500m 이내) 및 원경 디자인 보존구역
(京都の景觀 3章, 출처: http://www.city.kyoto.lg.jp/tokei/page/0000057538.html)

용에 관한 법률 등)에 의한 계획에 따라 보전 사업의 구상 및 실천 방안, 관련 제도
정비 방향, 재정 지원 방안 등을 제안하고, 용도지역 및 지구에 의한 용도 및 행
위(건축물의 특성(높이, 용적, 형태, 색채), 시설물, 옥외광고물 등의 제한)를 제한하며, 관련위원회
의 심의를 통하여 보전을 유도하는 것이다. 또한 역사 경관 보전에 관심이 높은
민간 혹은 시민단체 등이 재정적인 어려움을 겪지 않도록 활동을 지원하는 것
도 공공이 할 수 있는 실천 행위의 범주에 속한다. 그러나 이러한 수단들은 대
부분 하향식 접근으로서 자율 보다는 강제성을 띠고 있어서 많은 민원을 야기
한다.

　민간이 할 수 있는 보전 행위는 공공보다는 비교적 자율성을 갖는 것들이다.
내셔널트러스트National Trust와 같은 범국가적인 단체를 결성하여 법의 보호를 받
지 못해 훼손 위기에 처한 역사 경관을 매입함으로써 보존을 위한 직접적인 활
동을 전개하거나, 또는 지역 차원의 관련 시민단체나 개인적인 차원에서 관심도
가 낮은 일반시민에 대한 교육과 홍보를 통하여 국가나 지역적인 공감대를 형성

할 수 있는 토대를 구축하는 것일 수도 있다.

마지막 논의는 보전 행위로 인한 개인의 재산권 손실에 대하여 공공이 할 수 있는 바람직한 보상compensation의 방법에 관한 것이다. 역사 경관을 소유하고 있거나 역사 경관 주변으로 토지 및 건축물 등을 소유하는 개인들에게는 역사 경관 보전 행위가 개인의 재산권 행사를 제한하거나 부동산 가치를 하락시킴으로써 절대적인 혹은 상대적인 손실을 가져다 줄 수 있다. 따라서 다수를 위하여 소수의 개인이 재산상 손실을 감내해야 하기 때문에 보전 행위는 반드시 필요한 경우로 제한하도록 매우 신중하게 판단해야 하며, 어쩔 수 없이 개인의 재산권을 침해하는 경우는 이에 대한 손실을 적절하게 보상할 수 있는 방안을 강구해야 한다.

가장 이상적인 보상 방법은 재산권의 침해가 수반되는 토지나 건축물을 공공이 주변 시세에 따라 매입하여 원천적으로 개인에게 재산상 손실이 발생하지 않도록 하는 것이나 문제는 공공에게 너무 많은 재정적인 부담을 줄 수 있다. 차선책으로 생각할 수 있는 방법은 발생하는 손실분을 적절히 보상하는 방법으로 개발권매입제도나 개발권양도제도 등이 있다. 역사 경관 보전을 목적으로 제한되는 개발의 권리development rights를 공공이 매입하는 개발권매입제도PDR: Purchase of Development Rights나 공공이 재정상 매입이 어려울 경우 개발권을 분리하여 시장에서 거래될 수 있도록 함으로써 보상을 가능케 하는 개발권양도제도TDR: Transfer of Development Rights는 현행법상 개발권이라는 권리를 소유권으로부터 분리하는 문제가 선결되어야 한다. 또한 개발권 분리가 가능하더라도 개발권매입제도는 비록 소유권을 매입하는 비용보다는 적지만 개발권매입에 상당한 재정이 투입되어야 하고, 개발권양도제도는 시장에서의 개발권 양도가격에 따라 손실 보상의 정도가 가늠되므로 개발권의 가치 산정 및 개발권의 수요 등이 제도 운영의 성패를 결정할 수 있다. 가장 소극적인 보상으로는 흔히 제도가 잘 운영되지 않을 때 검토하게 되는 유도수단으로서 인센티브incentive라는 것이 있다. 역사 경관 보전과 관련한 인센티브는 경제적인 도움을 주는 재정적 인센티브financial incentive와 계획 및 건설과 관련하여 제공하는 용도지역제 인센티브zoning incentive로 구분할 수 있다. 재정적 인센티브는 세금 감면tax credit, 저리 대출loan이나 보조금grant 등과 같은 수단들로서 세금 감면이 가장 일반적인 방법이다. 역사 경관의 전체 혹은 일부를 현 상태로 유지한다는 전제하에 세금을 조절하는 것이며 우리나라의 경우는 지방세인 재산세를 감면하여 주고 있다. 용도지역제 인센티브는 용도 지역에 따라 정해진 개발 밀도(건축물의 용적률이나 층수)를 완화하여 추가 허용하는 방법으로 소유자의 경제적인 손실은 덜어주지만 역사 경관 보전 목적과 상충을 가져올 수 있다.

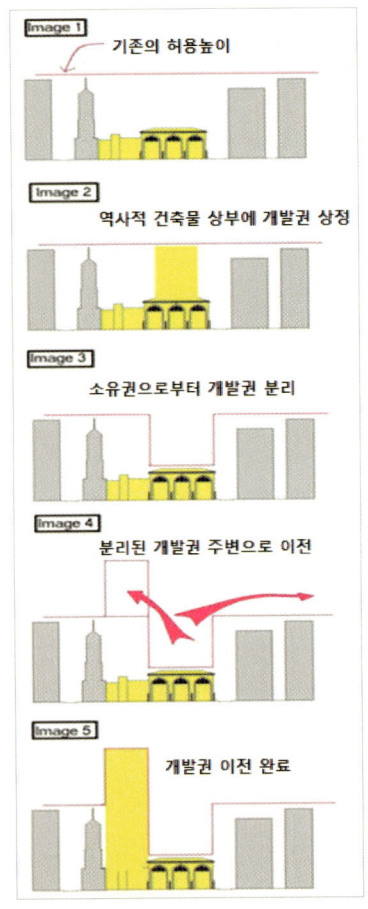

개발권 양도제도
(출처: http://government.cce.cornell.edu/doc)

해결이 필요한 당면 과제

국민적 공감대 형성과 사회적 합의 필요

1970년대 전후 일본에서는 고도성장기에 접어들면서 도시 개발에 따른 각종 폐해가 논란이 되면서 민간을 중심으로 공해와 같은 환경 문제와 더불어 역사 경관 보전 문제를 진지하게 논의하기 시작하였다. 우리나라의 경우 1961년 문화재보호법 제정 이래로 반세기 동안 주로 학계를 중심으로 논의가 활발하게 진행되어 왔으나 아직까지도 역사 경관 보전에 대한 국민적 관심은 매우 낮은 수준이다. 이는 그동안 일련의 정책들이 국민적 공감대 형성에 의한 상향식bottom-up 접근이 아닌 국가 및 지방자치단체에 의한 일방적인 하향식top-down 접근으로 일관한 결과라 할 수 있다. 2007년 경관법 제정을 계기로 경관에 대한 국민들의 관심이 점차 높아지는 현재의 시점에서 역사 경관 보전이라는 중요한 사회적 이슈에 대하여 국가 및 지방자치단체는 사회적인 관심을 유도할 수 있도록 적극적인 홍보를 실시하여야 하고 시민들과 직접적인 접촉이 가능한 민간단체에 교육 및 참여를 목적으로 지속적인 재정 지원을 병행함으로써 국민들의 자발적인 합의가 도출될 수 있도록 노력해야 한다.

관련 제도 재정비

전통 한옥, 근대 건축물 그리고 향토 유적 등을 보전 대상으로 확대할 필요가 있다. 이는 이들 역사 경관이 한번 훼손되면 복원이 어려운 역사적, 문화적인 가치를 지니고 있으며, 문화재와 더불어 지역에 정체성 및 다양성을 부여하고, 경제적인 이익을 제고할 수 있기 때문이다.

점적인 역사 경관 주변 지역을 포괄적으로 보전하는 경우와 점적인 역사 경관이 일정 지역에 밀집해 있거나 역사 경관이 가로를 따라 선적인 형태로 분포하고 있는 경우는 면적 차원에서 역사 경관을 보전할 수 있도록 현행 개별 관련 법들(문화재보호법과 국토의 계획 및 이용에 관한 법률)이 정합성의 차원에서 수평적으로 상호 보완적인 체계를 갖추도록 해야 한다.

역사 경관 보전이 긍정적으로 평가 받으려면 보전 목적이 분명하여야 하고 이를 토대로 보전 범위가 객관적이고 타당해야 하며, 규제 항목 및 규제 정도가 논리적인 근거를 갖추어야 한다. 이들 조건을 충족할 수 있도록 거시적인 차원의 경관 관련 계획(도시기본계획 혹은 경관계획)에서 기본방향 및 관련 분야(건축, 조경, 도시설계, 공공디자인 등)별 구체적인 가이드라인이 제시되어야 함은 물론이며, 이러한 상위계획의 내용이 미시적인 차원의 도시관리계획 및 지구단위계획과 연계되어 실천력을 갖출 수 있도록 제도를 정비해야 한다.

손실 보상 현실화를 위한 적절한 보상 방법 모색

역사 경관 보전을 목적으로 개인의 재산권을 침해할 시 이에 대한 적절한 보상이 뒷받침되지 않는다면 보전을 효과적으로 수행하기는 어렵다. 장래에 역사 경관의 보전 대상이 확대될 경우 전면적인 매입은 현실적으로 더욱 어려워진다. 따라서 역사 경관의 가치 및 보전의 효율성을 고려하여 점진적으로 공유화할 수 있는 장기적인 계획이 필요하다. 또한 개발권을 매입하거나 양도하는 방안도 제도 실행을 위한 기틀이 제공된다면 공공이 손실 보상에 드는 비용을 절감하거나 최소화할 수 있는 효과적인 대안이 될 수 있다. 최근에는 개발권 분리가 어렵다는 측면에서 인근 개발 가능지와의 결합개발이나 사용이 제한되는 용적을 이전하여 보상하는 용적이전제도의 적용이 활발하게 논의되고 있으며 경제적 측면에서의 타당성만 입증된다면 적용이 가능하리라 생각한다. 세금 감면과 같은 인센티브를 보상 방법으로 사용할 시에는 지방세인 재산세와 더불어 소득세 및 양도소득세 등의 국세 감면 방안을 함께 검토하여 손실을 보상받는 주체가 적절한 보상이라 생각할 수 있도록 하여야 한다. 민간의 차원에서 트러스트trust 제도가 활성화될 수 있도록 공공이 지원하는 방안도 검토할 필요가 있다.

경제성 측면을 검토하여 지역 경제 활성화 도모

파리Paris시는 매년 세계적으로 가장 많은 관광객이 방문하는 도시로 알려져 있는데 이는 약 150년 전 파리개조계획이 실행된 이래로 역사 도시로서의 파리시를 보전하려는 시와 시민들의 노력이 있었기에 가능하였다고 생각한다.

　도심 활성화downtown revitalization 또는 도시 재생urban renewal과 같은 도시 정비를 기회로 삼아 보다 적극적인 차원에서 역사 경관 보전을 실현할 수 있다. 이는 역사 경관 보전의 개념이 기존의 단일건물 보전에서 지구단위 보전으로 확대되면서 작업의 단일화, 관리의 체계화, 세금 혜택 및 지원금의 증대로 인한 보전 의지의 상승 효과를 기대할 수 있고, 관광사업으로 인한 부가가치 창출의 효과를 얻을 수 있기 때문이다. 또한 물리적 측면에서의 원형 보전을 강조하는 소극적 보전에서 탈피하여 역사적 정체성을 유지하면서 정주 인구 확보, 소매업 활성화, 주상복합용도 개발, 보행 환경 개선과 문화시설 확충 등의 전략을 통하여 '역사를 위한 도시'로 변모함으로써 현대 사회 생활과의 융합을 추구하려는 보전이 추진되어야 한다. 미국의 내셔널 트러스트 프로그램들은 이런 접근 방식의 대표적인 것으로서 미국의 도시(특히 소도시)에서 대단한 성과를 거두고 있다. 우리나라의 경우도 도심 재생이 화두가 되고 있는 시점에서 다양한 재생 기법의 개발을 통하여 역사 경관 보전을 활성화할 필요가 있다.

우리 농촌 경관의 농촌다움 들춰보기

강영은 _ 미국 버지니아택 조경학과 박사후 연구원

"프로슈머는 생산자producer와 소비자consumer를 합한 단어로서, 프로슈머 경제라 함은
스스로 생산하여, 시장에 내놓지 않고 자신이 소비하는 비화폐경제를 말한다.
최근 농촌의 개발과 정비에 관심이 높아져 농촌마을 가꾸기 사업이 늘고 있는데
여기서 프로슈머 경제가 큰 역할을 하고 있음을 볼 수 있다.
일부 예산이 지원되고는 있으나 꽃길 만들기, 돌담 쌓기, 마을숲 가꾸기, 흙집 짓기 등
마을 주민 스스로 공사를 담당하는 부분이 적지 않다.
더불어 주민들은 마을가꾸기 사업을 위하여 무보수로 많은 시간을 소비하며 토론한다.
전문가의 역할을 주민 스스로 떠맡고 있는 것이다. 이러한 사실을 볼 때 조경분야에서도
프로슈머와 관련된 산업이 증대될 것으로 예측할 수 있다."
— 임승빈, "프로슈머 조경", 월간 「환경과 조경」, 2011년 12월호.

프롤로그

경관은 일차적으로 보여지는 풍경이자,[1] 우리 눈에 보이는 장소, 이를 이루는 물리적 구성 요소를 의미한다고 한다. 그렇다면 도시가 아닌 농촌 경관의 범주에서 일반적으로 농촌답다거나 농촌스러운 소위 '전형적인 농촌 경관'은 사람들에게 어떠한 형태로 지각될까? 아마도 광활한 평야에 산과 물이 조화를 이루고, 옹기종기 집들이 하나둘씩 모여 있는 평안하지만, 때로는 심심할 수 있는 소경관, 그 모습이 아닐까 싶다. 필자는 경관[2]을 공부해오면서 주변에서 쉽사리 접할 수 있는 익숙한 경관보다는 새로운 경관을 느끼고 체험하는 데 남다른 흥미를 느끼고 있었다. 그런 연유 때문에 농촌 지역을 대상으로 하는 경관 연구에 더 매진할 수 있지 않았을까라는 생각을 해본다. 하지만 그런 순수한 의도만 있었던 것은 아니다. 농촌 경관 자체에서 흥미를 느꼈던 것도 분명 사실이지만, 향후 농촌의 발전 가능성과 잠재력에 대한 기대도 큰 몫을 차지했다. 적어도 필자에게 농촌은 마치 하얀 도화지 위에 아직 채색이 덜 된 미완성의 그림과 같은 느낌이었다. 그 미완성된 도화지 위에 형형색색 아름다운 색깔을 덧입혀 완성시키는 일은 무척 거창하고도 의미있는 일로 여겨졌기 때문에 농촌 경관 연구에 더 관심을 갖게 된 것이 사실이다. 즉 농촌 경관의 무한한 잠재력을 농촌 경관 자체의 가치에서보다는 새로운 계획과 개발에서 찾으려고 했었던 셈이다. 이 글을 계기로 지난날 농촌 경관을 대하던 필자의 태도에 다소 공격적인 성향이 짙었음을 고백한다. 물론 농촌을 새롭게 계획하고 개발하는 일련의 행위 자체들이 모두 부정적이고 그릇된 행위라고 비판하자는 의도는 아니다. 오히려 도시에 비하여 상대적으로 소외된 농촌에 대한 계획과 지원 정책들은 고무되어야 하는 것이 마땅하다. 다만 필자는 일부 보전하고 발굴해야 할 우리 농촌 경관 자체의 가치에 더 큰 무게를 두고 싶어졌다. 보전할 가치가 농후한 우리나라의 농촌다운 경관, 농촌 경관의 원형, 채색이 덜 된 하얀 도화지 위에 어슴푸레 새겨져 있는 본질의 실체와 의미를 들춰내 보고자 한다.

농촌 경관의 원형, 그 뿌리

농촌 경관, 농촌다움, 농촌 어메니티라는 용어가 이슈화되고, 도시민들의 농촌 방문이 꾸준히 증가하는 이유는 무엇일까? 이는 농촌에서의 새로운 경험, 관광 등 체험에 대한 기대와 욕구일 수도 있겠지만, 도시와 확연히 구분되는 농촌 경관 자체가 갖고 있는 매력에 기인한 이유도 클 것이다. 많은 사람들은 농촌 경관, 더 엄밀히 말하면 농촌의 물리적 세팅setting에 대하여 신선함을 느끼는 동시에 진한 향수와 편안함, 안락함을 느낀다고 한다. 하지만, 현재 지각되고 있는 농촌 경관 역시 언젠가는 변할 것이다. 농촌 경관이 변화하는 자체와 과정의 호불호를 평가할 수는 없겠지만, 적어도 변화하는 농촌 경관을 탐구하는 기준이 될 수 있는 농촌 경관의 시작 시점, 그 뿌리(원형)에 대한 연구 당위성은 충분하다. 더불어 농촌 경관의 원형에 대한 연구를 통해 사람들이 농촌 경관에 대하여 지각하는 심상 및 느낌은 어디서부터 나오는 가에 대한 궁금증도 자연스럽게 해소될 수 있을 것이라 생각한다. 막연하게 농촌 경관의 원형을 떠올리면 경주의 양동마을, 안동의 하회마을 등의 전통민속마을이나 전통문화 경관이 많이 산재해 있는 농촌 마을들을 떠올리게 된다. 또한 혹자는 "꿈에 잊힐 리 없는" 정지용의 「향수」의 시구에서처럼 감각적인 이미지들이 녹아 있는 소박한 모습의 추억과 심상만 느낄 수도 있다.

농촌 경관의 원형이 무엇일까에 대한 궁금증은 커져갔고, 이와 유사하다고 할 수 있는 기존의 전통 경관, 역사 경관이라는 용어들로는 그 의미를 모두 설명할 수 없을 것만 같았다.[3] 필자는 이에 대한 궁금증을 해소하기 위해 농촌 경관의 기준이 될 수 있는 '원형 경관' 연구가 필요하다는 판단을 하였고,[4] 이를 위해 그 개념 정립과 실체 파악이 급선무라고 생각했다. 우선 원형 경관이라는 개념 정립에 앞서서 '원형'이라는 단어를 물고 늘어지기 시작했다. 우리말로 '원형'이라는 용어는 여러 의미로 구분[5]되는데, 개체가 처음 시작된 시점first in time의 모습을 의미하는 원형原形, original type은 각 경관별로 시작된 시점을 추론하여야 하기 때문에 총체적 전체 경관을 다루고 일반화시키기에 한계가 있다. 따라서 농촌 경관 형성의 기준을 파악하기 위한 원형 경관에서의 원형은 비슷한 여러 가지가 만들어져 나온

본 바탕을 의미하는 용어인 프로토타입prototype을 적용하는 것이 바람직할 것으로 판단되었다. 용어의 의미를 구체화 한 후의 다음 단계는 어느 시점을 기준으로 정할 것인가의 문제다. 우리나라 경관의 원형을 찾기 위한 시도로서 기존의 도시 관련 연구에서는 원형 경관의 시점을 조선 태종조 시대의 경관,[6] 개화기 이전의 시점[7]으로 설정한 바 있다. 농촌의 원형 경관 역시 이와 마찬가지로 농촌을 대표할 수 있는 표본 경관으로서 완결성 있고 우리 민족의 정체성이 고스란히 반영된 실체여야 하기 때문에 그 시점을 조선 후기, 개화기 이전의 시점으로 설정하는 것이 바람직하다고 판단하였다. 이제부터 농촌 원형 경관原型 景觀의 실체를 파악하는 것은 간단할 것만 같다. 왜냐하면 파악하려는 대상과 시점이 명확해졌기 때문에 주제에 해당되는 자료 분석에만 집중하면 될 것 같기 때문이다. 하지만, 앞서 설정한 시기에 농촌 경관이 어떠했는지를 추측할 수 있는 자료는 턱없이 부족하다. 그렇다고 원형 경관의 모습 자체에 대한 추정을 포기하기에는 아직 이르다. 이는 과거의 고지도 및 지리지, 산수화 등 각종 회화 작품, 문학 자료, 사상 등에 의하여 직 · 간접적으로 추정할 수 있고 이와 관련된 연구들이 지속되고 있기 때문이다. 농촌 원형 경관의 실체 파악에 대한 갈증은 향후 과제로 남겨두며, 이 아쉬움은 개화기 이전의 시점으로 추정되는 아래의 사진 첨부로 대신하고자 한다.

우리나라 농촌 경관의 원형을 유추할 수 있는 이미지들(출처: 사진으로 보는 청원 60년사, Bill Smothers, Mishall roff, Neil Mshalov, 한국전통조경 · 한국조직위원회 사진, National Geographic사, 정해창, Paul E. Black, 네이버카페 그때를 아십니까, http://blog.ebslang.co.kr/blog/c...27/P1552)

지줄대는[8] 농촌 경관의 원형 맛보기

앞서 필자는 농촌 경관의 원형을 들추려하는 태도에 있어서 눈에 보이는 어떤 형태에 집중하려는 경향이 강했으나, 근본적으로 이 물리적 형태를 형성하기 위해 반영되었던 당시의 생활상, 문화, 사상 등 형태 이상의 어떤 것들을 언제까지나 배제할 수는 없다. 보이지 않는 어떤 것들이 우리나라 농촌 경관 형성에 적지 않은 영향을 미쳤기 때문이다. 특히, 예로부터 농경 문화가 뿌리박힌 우리나라는 농작물 생산을 위하여 단순히 요구되는 경작지, 원두막, 연자방아 등의 형성은 물론이거니와 마을 및 주거지의 입지와 배치에서부터 길 체계의 변화에까지 농경 문화가 영향[9]을 미친 것으로 알려져 있다. 실로 놀랍지 아니한가. 이와 같이 생성되고 변화하는 모든 경관의 요소와 체계는 그 내용과 범위를 불문하고 당시의 생활상과 문화 등에 의해 크고 작은 영향을 받는다.[10] 따라서 우리 농촌 경관의 원형 찾기에 있어서 단순히 보이는 실체뿐만 아니라 그 실체 안에 내재된 문화와 그 의미의 파악도 무척이나 중요할 것으로 보인다.

　농촌 경관 원형의 물리적 실체와 그 의미를 샅샅이 끄집어 보고자 필자를 포함한 연구실 구성원들은 전국의 방방곡곡 농촌 마을들을 답사[11]했다. 농촌의 원형 경관 찾기를 위한 대장정은 시작되었고, 막상 현장조사에서 땀 흘린 노력도 있었지만, 연구대상지 선정에서조차도 많은 시행착오를 겪어야 했다.[12] 방문하는 농촌 마을 곳곳마다 문헌 조사, 현장 조사, 인터뷰 조사들이 행해졌고, 이는 다음과 같은 몇 가지 내용들을 파악하는데 도움을 주었다. 첫 번째는 조사한 대상들이 문화재 등의 보전 대상으로 지정되지는 않았지만 충분히 보전 가치가 있는 경관 요소가 많이 산재하고 있었다는 사실이고, 두 번째는 농촌 원형 경관 실체 파악의 체계화를 위하여 경관 요소의 성격에 따른 유형 구분[13]이 필요하다는 것이었다. 마지막으로 현재 문화재로 지정되어 있는 경관들을 포함하여 원형 경관의 범주에 포함[14]되는 많은 경관 요소들이 이의 보전과 유지에 있어 적지 않은 문제점이 발생하고 있다는 사실이다. 이 중 세 번째 사안은 바로 다음에 소개할 내용에서 더 자세히 담기로 하고, 앞의 두 가지 사안들은 각 경관의 성격 및 입지하고 있는 공간에 따라 구분한 여섯 가지 원형 경관의 유형에 따라 우측의 이미

주거 경관_01

전라남도 담양군 나산면 삼천리   경상남도 함양군 지곡면 개평리   전라남도 나주시 다도면 풍산리   경상남도 산청군 단성면 남사리

생산 경관_02

경상남도 함양군 마천면 군자리   경상남도 남해군 남면 홍현리   전라남도 보성군 득량면 오봉리   전라북도 부안군 보안면 우동리

녹지 및 공동 경관_03

경상북도 김천시 구성면 상원리   충청남도 논산시 연산면 고정리   전라남도 담양군 나산면 삼천리   경상남도 산청군 단성면 남사리

수변 경관_04

충청남도 논산시 노성면 병사리   전라남도 순천시 주암면 운룡리   전라남도 나주시 다도면 풍산리   전라남도 장성군 북일면 문암리

가로 경관_05

경상북도 성주군 월항면 대산리   충청남도 아산시 송악면 외암리   경상북도 대구시 동구 둔산동   경상남도 산청군 단성면 남사리

상징 및 신앙 경관_06

경상북도 군위군 부계면 대율리   경상남도 남해군 남면 홍현리   경상북도 성주군 월항면 대산리   전라남도 장성군 북일면 문암리

보전해야 할 우리나라 농촌 원형 경관 예시(서울대학교 조경계획설계연구실, 2009~2010)

지와 함께 들여다보고자 한다. 지금 하고 있는 작업이 보전 가치가 농후한 농촌의 원형 경관들을 발굴하고 보전하는 데 기여할 뿐만 아니라, 향후 농촌의 경관 변화를 살펴본다거나 보전 대상의 복원 시점을 결정하는 데 있어서 뿌리 깊은 공헌을 할 수 있게 되기를 기대해 본다.

언제 갚으실 건데요: 농촌 경관 원형 보전의 쓴소리[15]

경관이 제공하는 가치는 무한하다. 그렇다고, 경관을 체험하고 소비함으로써 일정 금액의 재화를 지불하는 것은 아니다. 경관을 소유한 절대적 지배자가 없을뿐더러 누구나 남의 방해를 받지 않고 손쉽게 얻을 수 있는 공공재이기 때문에[16] 그것이 우리에게 제공하는 가치는 때로는 과소평가되는 것 같다. 시장 논리에 있어서 우리 모두는 경관을 소비하고 어떤 금액도 지불하지 않으므로, 엄청난 부분을 빚지고 있는 셈이다. 우리는 무수한 가치를 제공하는 경관이라는 친구에게 이자는 갚지 않더라도 원금은 상환해줘야 하는 게 인지상정人之常情 아닐까? 다소 과격한 비유일 수도 있으나 이번 기회를 통해 우리가 지켜야 할 아름다운 농촌의 원형 경관들을 마구 파괴하고 등한시해왔던 것은 아닐까라는 반성의 기회를 가져보자. 농촌 원형 경관 보전의 문제점은 크게 세 가지 유형으로 나누어지는데, 보전 대상 자체의 변화와 파괴 등에서 오는 물리적 문제점과, 사회적 문제점, 제도적 문제점이 그것이다. 결국 사회적 문제점과 제도적 문제점은 물리적 문제점이 발생하는 근본적인 원인을 제공하고 있어서 그 위계는 약간 다를 수 있지만 말이다.

물리적 형태의 변화와 파괴 등에서 발생하는 물리적 문제점 분석에 있어서는 대상 자체의 현황만 파악하고 이를 평가하기에는 부족한 것이 사실이다. 더 정확한 결과를 뽑아내기 위해서는 과거 경관과의 비교·분석과 시계열적으로 이의 변화 과정을 면밀히 분석하는 과정이 선행되어야 하는 것이 바람직할 것이다. 물리적 문제점의 주요한 내용은 과거의 모습과 크게든 작게든 다르다는 것이다. 단적인 예로 주거 경관의 경우 현대식으로 일부 개조한다든지, 주변과 부조화스러운 적치물을 방치한다든지, 기존의 용도와 전혀 다른 용도로 보전의 맥락을 살리지 못하는 예들이 있다. 또한 지금까지 전통마을, 민속마을, 문화마을 등 면적인 보전이 필요한 마을 등이 간혹 일부 점적인 보전에만 치우치고 있다는 것도 문제점이라고 할 수 있다. 이러한 문제점이 더 이상 보전해야 할 대상과 환경이 무엇인지 모르는 것에서 발생한다면, 본 연구의 당위성과 시사점에 크나큰 영향을 미칠 것이지만 말이다. 마지막으로 과거와 다른 보전 수법과 다른 색채 및 재료를 사용함으로써 발생하는 문제점도 크다고 할 수 있다.

사회적인 문제점 분석에 앞서서, 경관의 보전 문제뿐만이 아니라 농촌과 관련된 모든 사회적 문제의 원인은 지속적으로 감소하는 농촌 인구의 문제로 귀결된다. 농촌에서 지속적으로 감소하는 인구는 보전해야 할 농촌 경관의 원형을 유지하는데 적잖은 악영향을 미친다. 이밖에 외부인 및 방문객 증가로 인한 경관 훼손 및 사생활 침해의 문제, 개발이나 보전 사업의 증가로 인한 재산권 침해의 문제 등이 지적될 수 있다.

제도적 문제점에 있어서는 마을 전체를 온전히 보전하는 전통민속마을 지정이 아니고서는 개발과 관광 성격이 농후한 사업 확장으로 인한 경관 파괴에서 자유로워질 수 없는 것이 현실이다. 또한 보전 성향이 짙은 사업을 할당받는다고 할지라도 마을의 지역성과 역사성을 전혀 고려하지 않은 보전 계획의 성향으로 오히려 경관이 보전되지 않고 지속적으로 파괴되는 현상이 발생하기도 한다. 이밖에 보전 사업 기간 및 보전 유지를 위한 주기의 문제, 복원 사업자 입찰 과정의 문제, 보전 및 복원 관련 전문가 부족의 문제점을 들 수 있다. 이처럼 농촌 원형 경관 보전은 많은 문제점에 노출되어 있고, 보전하려는 우리의 노력 및 의식이 많이 부족한 듯 느껴진다. 본 주제의 소제목에서처럼 언제 우리가 빌린 경관의 재화를 다 갚을 수 있을지 모르겠다.

원금 상환을 위한 궁리: 농촌 경관의 원형을 보전하기 위한 우리의 약속

앞서 경관이라는 재화를 빌려 온 것에 대해 우리에게 갚을 의무가 있음을 지적한 바 있다. 그렇다면 이제부터 어떻게 갚을 수 있을지, 어떻게 조금이라도 원금을 상환할 수 있을지 머리를 맞대어 궁리를 짜보자. 농촌 경관의 원형을 보전하기 위해 많은 대안책이 제시될 수 있겠지만, 보전 과정에 있어서 엄청난 비용이

들기 때문에 현실적 한계에 부딪힐 수밖에 없다. 또한 일부 사람들이 모든 농촌의 원형 경관을 보전해야 하는가와 같은 부정적 시각을 가지고 있기 때문에, 보전의 가치 판단 자체에서 혼란이 발생할 수 있다.

우선 근본적으로 모든 농촌의 원형 경관을 보전할 수는 없기 때문에 일부 보전이 필요한 농촌의 원형 경관을 발굴하고 그 가치를 선별할 필요가 있다. 보전할 대상과 범위 등이 명확해지면, 그 안에서 어떻게 보전하는 방법이 바람직할 것인지를 심사숙고해야 하며, 이에 대한 구체적인 방향은 다음과 같다. 첫째, 농촌 원형 경관의 형태와 의미를 살리되, 해당 마을의 지역성을 적극적으로 유지·보전할 필요가 있다. 이는 자칫 지역의 환경 및 특성에 적합한 보전 및 복원이 아닌 천편일률적인 경관을 양산해낼 수 있기 때문이다. 둘째, 원형 경관의 개념 및 형태, 의미 등의 설정이 모호하다고 판단되기 때문에, 과거의 자료, 그림, 문헌 조사 등을 탐구하여 객관적인 실체를 제시하는 작업이 필요하다. 셋째, 농촌에 거주하는 사람들은 대부분 고령자가 많기 때문에 농촌 경관을 자발적으로 보존하기에 어려움이 따르므로, 경관보전직불제와 같은 지자체의 일관된 인센티브와 농촌 디자인 기본계획과 같은 규제 계획이 필요할 것이다. 넷째, 정부의 전통 재료 생산업체의 지원과 농촌 마을 경관 콘테스트를 통한 지원 등으로 원형 경관 우수사례 홍보 등이 활성화된다면 원형 경관 보전에 긍정적인 역할을 할 것으로 판단된다. 다섯째, 국외 선진사례의 경우 원형 경관 보존 범위 설정 및 지구 설정 등의 법규 지정에 있어서 해당 마을 주민의 의견이 적극 반영되어 지속적으로 운영 및 관리되는 사례를 확인할 수 있다. 따라서 우리나라 농촌의 원형 경관 보존 범위 설정, 지구 지정, 주민 편의와 관련하여 주민들이 적극적으로 참여하는 구도를 형성하도록 하는 것이 바람직하다. 이와 같이 제시된 다섯 가지 방향처럼 우리 모두가 하나둘씩 실천해 나간다면, 언젠가는 경관에 빌린 원금을 상환하는 동시에 국제적인 경관 선진국으로 자리매김하지 않을까라는 기대를 품어보며 이 글을 마무리 하고자 한다.

1 임승빈, 『경관분석론』, 서울대학교 출판부, 1991.

2 경관(景觀)의 개념은 일차적으로 '보여지는 풍경'을 뜻하겠으나, 이차적으로는 보여지는 풍경에 내재하고 있는 자연 생태계의 작용, 인간의 활동 등과 관련된 의미를 함축하고 있는 것이다(임승빈, 『경관분석론』, 서울대학교 출판부, 1991). 즉 경관을 읽는다는 것은 우리 일상을 이루는 평범한 것들에서 문화적인 의미를 발견하는 것이라고 할 수 있다(Meinig, 1979).

3 심승희(1995)의 연구에서 역사 경관은 변화하는 사회적 정당성에 따라 그 물리적 형태, 기능, 의미가 변화하면서 선택적으로 보존, 유지, 생성되기 때문에, 특정 시점의 경관으로서 보전 및 복원의 시기를 결정할 수 있는 과거의 표본 경관이 아니라 사회적 선택에 의해 남아 있게 된 현재의 경관이라고 지적한 바 있다.

4 원형 경관의 개념 정립 과정에 대해 더 자세한 내용은 강영은 등(2009)의 『원형 경관(原型 景觀)의 개념 정립 및 형성 요인』 연구에서 더 자세하게 다루고 있으니 참고하기 바란다.

5 원형의 의미는 크게 같거나 비슷한 여러 개가 만들어져 나온 본바탕을 의미하는 원형(原型, Prototype), 본디의 꼴, 복잡하고 다양한 모습으로 바뀌기 이전의 단순한 모습을 의미하는 원형(原形, Original form), 발생 면에서의 유사성에 의하여 추상화된 유형(생물학, 심리학, 성격학 등의 현상 파악)을 의미하는 원형(元型, Model), 본능과 함께 유전적으로 갖추어지며 집단무의식을 구성하는 보편적 상징(문학)을 의미하는 원형(原型, Archetype)으로 구분될 수 있다.

6 한국경관협의회(2008)는 도시가 초기 계획에 의해 완성되어진 때의 경관을 주례고공기와 풍수모형에 의해 도시 모습이 갖춰진 조선시대 초기 태종조 말의 경관이라고 언급하였기 때문에 조선시대를 전후하여 완결성있는 경관의 모습이 유지되고 있었다고 판단하였다.

7 김한배(1998)의 연구에서 우리나라 경관 원형의 시점은 외세의 영향을 받기 전 우리 민족의 문화와 전통이 고스란히 경관 형성에 반영된 개화기 이전의 경관이라고 논한 바 있다.

8 정지용의 「향수」에 등장하는 어휘로서 "다정하고 나긋나긋한 소리를 내는"이라는 의미를 함축하고 있으며, 이 글에서는 농촌을 의인화시켜 농촌다운 느낌을 극대화시키고자 삽입하였다.

9 이중환의 『택리지(擇里志)』, 홍만선의 『산림경제(山林經濟)』, 서유구의 『임원경제지(林園經濟志)』 등의 인문지리서에서는 실학적 입장(경험, 경제적 관점)에서 지세, 집터, 생활환경 등 인간이 살기에 적합한 이상적인 공간(가거지)에 대하여 논한 바 있다. 이는 환경·경험적 요인에 의하여 경관이 생성되고 변화했다는 것을 보여주는 단적인 증거라고 할 수 있다.

10 강영은 등(2009)의 연구에서는 원형 경관의 형성 유형을 풍수지리사상, 신선사상, 유교사상 등의 사상적 형성 요인과 지역 특징, 농경생활, 주거, 물류 등의 환경적 형성 요인으로 구분한 바 있다.

11 농촌 마을 연구대상지 답사와 연구 결과 내용과 관련된 이 글의 일부 내용들은 2009~2011년 농촌진흥청 국립농업과학원 공동연구사업 중 『농촌 경관의 원형 보전 및 복원 연구』의 연구비 지원으로 진행된 것임을 밝혀둔다.

12 연구 대상지는 사적 및 중요민속자료 등 문화재로 지정되어 보존·관리되고 있는 전통민속마을과 전통문화적 가치를 인정받아 정부 산하기관 등에서 주최하는 농촌전통테마마을, 문화역사마을, 지자체의 전통마을 등으로 지정되어 관리되고 있는 마을을 선정하였다.

13 농촌 원형 경관의 유형은 각 경관의 성격 및 각 요소가 입지하고 있는 공간에 의해 정해졌으며, 크게 여섯 가지 유형으로 구분되었다. 따라서, 주거 경관(전통 가옥, 가옥 주변 경관 구성요소 등), 생산 경관(논, 밭, 과수원, 짚가리 등), 녹지 및 공동 경관(정자목, 정자, 원두막, 마을마당 등), 수변 경관(시내, 빨래터, 우물가, 연못, 연지 등), 가로 경관(길, 담장, 돌다리 등), 상징 및 신앙 경관(장승, 솟대, 제실, 사당, 성황당 등)으로 구분되었다.

14 이 글에서 정리한 원형 경관의 시점(개화기 전후)에 따라 해당 시점에서 생성되고 유지되고 있었던 농촌의 경관들을 원형 경관의 범주에 포함시켰다.

15 이 글에서 농촌 원형 경관 보전의 문제점 지적에 대한 관점은 단지 많은 사람들에게 보기 좋은 아름다운 경관을 유지하거나 경관 선호도에 반하는 것을 지적하는 것이 아니라 원형 경관의 물리적 실체와 의미가 퇴색하는 것에 대하여 지적하고 논하였음을 밝히는 바이다.

16 윤태연(2004)은 경관은 공공재이므로 농민이 경작하는 농업 경관을 다른 사람들로 하여금 즐기지 못하게 할 수 없으며(비배타성), 한 사람이 경관을 더 바라본다고 해서 경관이 더 나빠지는 것은 아니므로(비경합성) 시장에서의 실패가 발생한다고 지적한 바 있다.

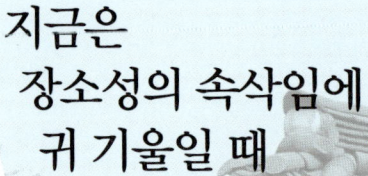

지금은
장소성의 속삭임에
귀 기울일 때

한 성 미 _ 대구가톨릭대학교 외래교수

"이제는 과거의 관행을 뛰어넘어 보다 높아진 도시인의 욕구를
충족시키면서 도시 환경의 질을 확보하는 방법을 찾아야 한다.
신도시 건설과 재개발, 재건축만이 능사가 아니다.
쇠퇴해가는 도시 내의 각종 생활공간을 개량하고 부흥시키는
도시 환경 리모델링을 적극 추진할 때다.
기존의 공간적 사회적 구조를 훼손하지 않고
환경의 질을 높임으로써 도시 내에 활력을 불어넣어 주고
장소성을 부여해야 한다."

— 임승빈, 동아일보 발언대, 2004년 11월 26일자

삶과 함께하는 장소

당신이 태어난 이후 지금까지 기억하고 있는 첫 장면은 무엇인가? ㄱ자로 된 집 중앙에는 수도가 있었고, 그 수돗가에는 어머니와 아주머니들이 채소를 다듬고 빨래를 하고, 나는 내 또래의 남자아이와 놀다 병에 수돗물을 받아서 그 아이가 서서 오줌을 누는 흉내를 냈다. 그 마당은 언제나 북적댔고, 아이들을 꾸짖는 소리로 시끄러웠다. 조그만 툇마루를 오르면 제법 큰 마루를 사이에 두고 방 두 개가 마주보고 있었는데, 우리 식구가 그 두 방을 썼었던 것 같다. 어머니와 아버지가 말다툼을 하시던 날, 나는 방에서 나와 아버지와 어머니가 계시던 맞은편 방의 문틈으로 그 시절 아이들용으로 팔던 초록색 렌즈의 플라스틱 선글라스, 그것도 알이 하나 빠진 것을 끼고 그들을 바라보았다. 아버지와 어머니가 그런 나를 발견하시고 말다툼을 멈추고는 동시에 크게 웃으셨다. 그것이 내가 한 인간으로 태어나 기억하는 최초의 '장면'이다. 모든 것이 또렷하지 않은, 마치 흑백 사진 몇 장, 혹은 8mm 영사기를 통해 지지직 소리를 내며 비 내리는 흑백 영상을 띄엄띄엄 보는 것 같은 느낌이다. 후에, 그 시멘트 마당의 집은 아버지의 전근으로 내가 태어난 부산을 떠나 경북의 소도시로 이사를 갔고, 우리 가족이 살 집이 다 지어질 때까지 얼마동안 임시로 지냈던 곳이라는 것을 알게 되었다. 그 집에는 세 가구가 살았다는 것도. 그래서 그 마당은 언제나 어린 아이들이 바글거렸고, 아주머니들이 수돗가를 중심으로 모여서 이런저런 일을 하는, 언제나 소란스러울 수밖에 없었다는 것은, 사실 내게 중요하지 않다. 중요한 것은 내가 되살려 낼 수 있는 삶의 최초 기억이 네 살의 내가 놀고, 웃고, 가족이 아닌 다른 존재들을 느꼈던 그 북적대고 좁은 시멘트 바닥의 마당이라는 것이다. 흐릿하고 무채색인, 그러나 의식 깊숙이 자리하고 있는 그 장소는 내가 만난 최초의 삶의 세계였던 것이다.

지나온 시간들을 거슬러 올라갈 때면 떠오르는 사건들은 언제나 '장소'와 함께 한다. 초등학교 시절, 일제 강점기 때 지어진 학교에서 청소시간에 한 줄로 꿇어앉아 초를 칠하며 걸레로 닦던, 굵은 나뭇결이 그대로 보이던 교실 바닥, 삐거덕거리는 나무계단을 오르내리며 쳐다본 계단 벽면 진열장의 알코올 유리병 속에 담겨진 해부된 개구리, 토끼 같은 것들은 오래된 건물 특유의 서늘함과 함께 막연한 두려움의 대상이었다. 대학시절 첫사랑의 기억은 여름날 녹음이 울창했던 한 공원의 벤치와 동시에 떠오르고, 얼마 못 가 닥친 이별의 아픔도 헤어짐의 이유보다는 칙칙하고 눅눅한 냄새의 1980년대식 카페 구석자리로 각인되어 있다. 나라밖에서 지낸 20대 후반과 30대 대부분의 시간 동안, 나는 그 장소들을 꼭 다시 한번 찾아가 봐야겠다고 다짐했고, 기어이 귀국 후 실행에 옮겼다. 불행히도 네 살 때의 그 좁은 시멘트 마당의 집은 흔적조차 없었고, 초등학교 시절, 집에서 그렇게나 멀게 느껴졌던 시청 맞은편의 학교는 마치 나 자신이 걸리버가 되어 소인국을 걸어 다니는 듯, 엎어지면 코 닿을 곳에 있었다. 그때는 제법 그럴 싸했던 반 양옥 우리 집은 아직 거기에 있었지만 세월에 닳고 낡아서 초라하게 버티고 있는 모습이 안쓰러웠다. 동네, 학교, 아니, 도시 전체가 그때의 기억 속 그것보다 작아지고 폭삭 내려앉은 듯 낮아져 있는 느낌이란!

그러던 상간, 또 귀국해서 얼마간의 시간이 흐르니, 내가 미국 대륙에 첫 발을

루이지애나(Louisiana) 주 뉴 올리언즈(New Orleans)의 풍경

내디뎠던 중서부의 작고 평화롭던 마을 풍경, 많은 지역들을 거쳐 마지막으로 5년여의 시간을 보냈던 남부 특유의 습한 날씨, 내가 다니던 대학의 학생이 수영하다 악어에 엉덩이를 물렸다는 호수와 늪지대, 친구들과 주말이면 몰려가서 학업의 고단함을 풀곤 하던 흑인들의 애환, 재즈^{Jazz}, 옛 프랑스 식민지 문화가 어우러져 독특한 경관을 발하는 뉴 올리언즈^{New Orleans}가 스멀스멀 그리움으로 떠오른다.

이렇듯 삶은 늘 장소에서 이루어지고 장소는 역사를 기록한다. 장소는 개인의 기억과 추억^{memory}, 경험의 배경이 되어주고, 우리는 기억 속 그 장소들을 추억하고 애착^{attachment}하는 것이다. 고향에 관한 애착, 장소와 땅에 대한 사랑에 대해 강조해 온 투안^{Y. F., Tuan}의 설명이 이해가 되는 부분이다. 여기서 짚고 가야 할 점은, 장소가 항상 긍정적으로만 기억되거나 사랑이 가득한 애착을 가지게 되지 않을 수도 있다는 점이다. 소위 말하는 '장소 혐오' 역시 그 장소에 대한 기억이자 고착된 이미지 일테니 말이다.

장소성의 이슈화와 그 배경

장소성에 대해 이야기 할 때 항상 가장 먼저 거론되는 랠프^{E. Relph}에 의하면, 물리적 환경, 그 안에서의 인간의 활동, 그리고 의미가 서로 작용하여 '장소^{Place}'가 이루어지며, 다른 곳과는 구별되는 특징을 가지는 현상을 '장소성^{Sense of Place}' 이라 부른다. 쉽게 풀어보자. 우리는 집(혹은 거처), 학교, 동네, 도시…… 그러한 "물리적 환경" 속에서 얼마만큼의 시간들을 보내고, 또 그것을 되풀이하며 이어간다. 그러한 상간, 무심한 일상의 행위들, 필요하거나 목적을 가진, 혹은 공간의 성격으로 인해 생겨날 수밖에 없는 "행위"들이 일어나거나, 소설 같은 사건들, 환희와 슬픔의 순간들, 또는 그저 단조로운 이야기들이 만들어지는데, 그러한 것들을 "의미"로 해석해도 무리는 없을 것이다. 이리하여 형성되는 장소가 자아내는 매력, 독특함, 차별성이 장소성이 되는 것이다. 가만히 듣고 보면 매우 당연한 이론인 것 같은데, 요즘 들어(필자를 포함하여) 공간을 다루는 분야에서 장소성에 대한 관심과 연구가 증가하고 있다. 즉, 장소성에 대한 더 많은 이해와 연구가 필요해졌다는 뜻일 게다. 여기서는 필자의 생각과 연구 경험만을 바탕으로 이러한 현상의 배경을 풀어내고자 한다.

우선, 장소와 장소성은 본래 지리학에서 연구된 하나의 개념이라 할 수 있다. 어떠한 개념이나 이론이 토론되고 발전되어 다시 보완되거나 강화되는 일련의 학문적 과정만이 아니라, 실제 삶의 공간에서 적용되고 표현되어야 할 경우 현실적으로 어려움을 마주하게 된다. 즉, 그 개념이나 이론이 수학이나 공학적 공식과 같은 형태가 아닌, 인문·사회학 분야의 것으로서 조경이나 건축, 도시와 같은 현실적 공간에서 어떻게 해석하여 긍정적으로 적용시킬 수 있는가가 골머리를 싸매게 되는 것이다. 이것이 필자가 공간을 계획하고 설계하는 분야에서 장소성에 대한 심층적 연구가 증가되고 있는 이유라 짐작하는 부분이다.

둘째로, 공간의 물량적 공급 위주, 경제적 논리 위주, 개발지상적 시대가 풍미했던 지난 시대가 가고, 그러한 철학 하에 탄생하였던 환경 요소들이 심각한 문제점들을 드러내면서 이제는 삶의 질, 문화적 의미, 나아가 도시 경쟁력으로서의 이슈로 전환되고 있는 시점에 있다는 점이다. 이러한 변화상을 두고 국가기관과 산하 연구단체, 시, 군, 구 등의 지자체에서는 앞 다투어 다양한 해결방법을 고안하고 있다.

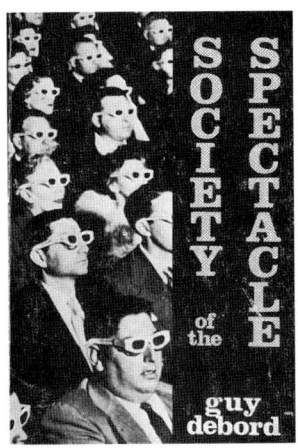

기 드보르(Guy Debord)의 저서 『스펙터클의 사회』 표지

그러나 이러한 고무적인 분위기에도 불구하고 기 드보르Guy Debord가 언급하였던 "스펙터클의 사회", 즉, 시각적 효과와 볼거리 위주, 더 나아가서는 결국 관광명소 만들기로 치닫는 각종 장소만들기, 경관정비 및 계획, 설계의 결과들을 우리는 너무 자주 목도하게 된다. 단정적으로 말하자면, 장소성에 대한 이해와 성찰이 심도 있게 이루어지지 않고 있다는 것이 두 번째 문제이다. 이 두 번째 문제는 세 번째 문제와 연관된다. 즉, 장소성을 기반으로, 혹은 장소성을 구축하는 작업은 매우 섬세하고 면밀한

관찰과 해석, 인간과 공간이 얽히고 설키는 배경 및 과정에 대한 파악 뿐만 아니라 앞으로 벌어질 상황에 대해서도 미리 예측할 수 있어야 한다. 이 점에서, 필자는 최근 세간에서 자주 들을 수 있는 학제 간 융합에 대해서 과연 우리는 실천하고 있는가 하는 의문이 든다. 장소성에 대한 고찰은 역사와 도시사회학, 환경(행태)심리학, 문화인류학 등의 관련분야에 대한 폭넓은 이해가 있어야 하기 때문이다. 또한, 도시나 지역과 같은 물리적 환경은 수많은 요인들에 의해 구성되는 복잡한 직소퍼즐Jigsaw Puzzle과 같은 것이며, 장소성에 대한 연구는 그러한 물리적 환경의 배후에서 작용하는 상호작용을 읽는 포괄적 이해를 요구하기 때문이다.

장소성이 던지는 메시지들

장소성이 발현되는 장소의 창출이란 결국 독특하고 개성이 강하며 의미를 가진, 이용자(혹은 주민) 중심의 공간으로서 나름의 문화를 형성하는 장소를 만들어 가는 것으로 좁혀 설명할 수 있다. 물론 그 반대는 천편일률적이고 개성이 없으며 특정한 문화가 없는 무미건조하고, 가시적 가치가 우선되고 이용하기에는 불편한 공간을 뜻할 것이다. 이쯤 되면 우리가 왜 장소성이라는 화두에 매달리게 되는지 조금은 정리가 될 듯 하다. 공간을 계획하고 설계하고, 재생regeneration하는데 있어서 장소성에 대한 고민이 왜 필요한지, 또한 장소성이 우리에게 던져주는 메시지들은 무엇인지 이야기 해보고자 한다.

평소, 우리는 어떠한 사람이 그 사람의 역할이나 본분을 성실히 다하는 모습을 볼 때 "선생님 답다", "학생답다"와 같이 "~~답다"라고 표현한다. 공간 역시 마찬가지가 아닐까? 공원이 그 역할을 다 할 때 공원답고, 광장이 광장 본연의 특성을 보일 때 광장답다. 시골의 아름다운 자연이 훼손되지 않고 아기자기한 마을이 정답게 모여 있을 때 "농촌답다"고 느낀다. 이렇게 그 공간의 정체성identity을 뚜렷이 보이면서 그 공간이 목적하는 바를 다하여 "그 공간답다"고 인정할 만한 계획과 설계를 위해서 필요한 것이 장소성의 파악일 것이다. 그리고 앞으로 형성될 장소성을 잘 예측해야 한다. 이해를 돕기 위해 탑골공원의 사례를 보자. 탑골공원은 서울시 구도심에 위치한, 우리나라 최초의 공원이다. 백년이 넘는 긴 역사를 거치며 탑골공원은 3.1독립운동 선언서가 낭독된 역사의 현장, 1980년대 집회와 시위를 통한 민의 표현의 장, 이후 많은 노인들이 모여 여가를 즐기는 "노인들의 메카mecca"의 역할을 해 왔다. 2000년대 들어 서울시는 독립운동의 "성역"으로서의 탑골공원이 많은 노인들로 인해 점령되어 음주, 가무, 노숙과 같은 "부적절한 행위"가 일어나는 것을 막고, 성지로서의 정체성을 부여하기 위하여 "탑골공원 성역화 사업"을 실행하였다. 공원 내부의 나무 벤치는 화강석으로 대체되었고 그 수도 대폭 줄였다. 그 밖에도 매점과 같은 편의시설도 없애고 공원 내부의 여유 공간을 수목을 식재함으로써 관람 중심의 공간으로 변경하였다. 지금의 탑골공원은 텅 비어있다. 2000명 이상이 북적대던 할아버지들은 어디로 갔을까? 인근의 종묘공원에서 그들을 만날 수 있다. 제한하는 행위가 너무 많으며 이용하기에도 불편하기에 장소를 옮긴 것이다. 문제는 빈틈 없이 빽빽하게 노인들로 가득한 종묘공원도 현재 '성역화 사업'의 계획 아래 있다는 것이다. 세계문화유산으로 등록된 종묘라는 역사적 장소를 배경으로 하고 있기 때문이다. 여기서 몇 가지 중요한 질문들이 떠오른다. 성역화 사업 후의 탑골공원은 '성역'으로서 노인들 이외 다양한 시민들에 의해 인지되고 이용되고 있는가? 오랜 시간동안 구축된 정체성과 의미가 그렇게 갑자기 바뀌어질 수 있을까? 종묘공원으로 옮긴 노인들은 이제 종묘공원 성역화 사업 이후에 또 다시 어디로 갈 것인가? 탑골공원이 구축해 왔던 정체성, 그 안에서의 인간 행위, 그리고 의미…… 바로 장소성 이야기다. 텅 비어 썰렁하기까지 한 탑골공원은 말이 없다.

장소성이 우리에게 보내는 또 다른 메시지는 '다양성'이다. 20대 때의 나는 이런 생각을 하곤 했다. '나이가 들어 서른, 마흔을 넘어가면 정말 이 세상은 재미없는 곳이 될 거야. 춤추러 클럽에도 못가고, MT 같은 것도 없고, 부푼 꿈도 없을 것이고, 거기다 더 나이가 들어 노인이 되면 삶이 얼마나 재미없고 허무할까?' 그런데 시간이 흐르고 청춘의 시대가 벌써 까마득히 멀리 달아난 지금, 시끄러운 유흥가보다는 조용한 장소가 좋고, 어디 멀리 떠나는 여행보다는 가까운

탑골공원 벤치를 대신한 화강석   텅 빈 탑골공원

동네 공원에 다니는 산책이 더 좋아졌다. 나름의 재미도 있다. 노인이 되면 또 그 나름대로 선호하는 장소가 있을 것이다. 이것은 비단 세대의 이야기만은 아니다. 도시에는 다양한 계층의 사람들이 살아가고 있다. 수십억을 호가하는 고급 아파트에서 사는 사람들이 있나 하면, 월세 10만 원짜리 쪽방에서 살아가는 사람들도 있다. 부촌이든 달동네든 나름대로의 주거 문화가 있다. 거기다 최근에는 외국인 노동자들의 수가 얼마나 많은지는 안산의 국경 없는 마을, 가리봉동 옌볜거리가 말해주고 있다. 이러한 현상들은 계층간, 크고 작은 문화집단간의 다양성만큼이나 그들이 필요로 하는 장소가 다양하게 존재해야 하는 이유를 설명해 준다. 재개발, 뉴타운사업 등이 드러내고 있는 문제들을 풀어놓기에는 지면이 허락하지 않지만 건물 혹은 공간이 재개발 등으로 고급화 되고 결국 오랜 시간 그곳에서 살아오던 원주민들은 오히려 삶터에서 쫓겨나 또 다른 곳을 찾아야 하는 "젠트리피케이션gentrification" 현상이 장소성의 문제와 맥락을 같이 한다는 지적이 적어도 억지는 아닐 것이다.

다양성의 반대되는 용어는 획일성일 것이다. 솔직해지자면, 우리나라의 어느 도시를 가더라도 그 모습, 즉 도시 경관은 비슷비슷하다. 사진만 봐서는 대구인지, 광주인지, 춘천인지 분간을 할 수 없다. 신도시라고 사정이 다르지는

가리봉동 옌볜거리의 모습　　　　　　　　　신도시 건축물과 난립한 간판

않다. 획일적인 아파트 군락, 비슷비슷한 건물, 중심부의 상가건물들과 그 건물들의 형체를 알아볼 수 없을 만큼 도배하고 있는 간판들, 태권도 도장, 영어학원, 치과, 약국…… 건물 안의 사업장들마저도 똑같다. 그나마 '중앙공원'과 '호수공원'이 아니면 분당인지 일산인지 알 수 없다. 장소성이 또 떠오르는 대목이다.

　장소성에 대해 깊이 고민할수록 어려운 화두임을 느낀다는 고백을 한다. 그러나 이제는 장소성의 고민 없이 공간을 계획하고 만들어 나가는 무모함은 용납되지 못할 사안이다. 우리의 삶이 장소와 함께하고, 그러한 시간의 축적이 한 나라, 한 도시, 한 동네의 문화를 낳고, 또다시 우리에게 기억되거나 추억되고, 그것은 다시 우리 삶의 풍요로움으로 혹은 삭막함으로 작용한다. 오늘 하루도 우리는 몇 군데의 장소들에 직접 몸을 담그고 혹은 부비며 편안함과 불편함, 위안과 위협, 아름다움과 추함의 느낌들과 마주했을 것이다. "사이버 공간"이 "사이버 장소"가 될 수 없음이 여기에 있다. 장소성이 우리에게 던져주는 메시지를 이 짧은 글로서 설명하고자 하는 것은 무리일 것이다. 그래서 필자는 제안한다. 하루쯤 시간을 내어 과거의 추억 속 장소, 오늘 나와 함께했던 장소, 그리고 내가 꿈꾸는 장소들에 대해 생각해 보시길. 가을이 깊어가는 공원의 벤치도 좋고, 창이 넓은 카페에서 커피 한잔과 함께해도 좋을 것 같다. 가끔은 이렇게 삶을 되돌아보고, 지금의 삶을 들여다보는 시간은, 즉, 장소의 역사를 과거와 현재, 미래를 넘나들며 되돌아보고 확인하고 꿈꾸는 시간은, 누구에게나 매우 중요한 삶의 여유이자 개인적으로 의미 있는 작업이다. 더구나 공간을 다루는, 혹은 꿈꾸는 이들에게는 아마도 이보다 더 좋은 브레인 스토밍brain storming은 없을 것이라 믿어 의심치 않는다.

글쓴이들

임승빈 _ seungbin@snu.ac.kr

서울대학교 농업생명과학대학 조경·지역시스템공학부 교수. 서울대 건축학과, 서울대 환경대학원 조경학과(조경학 석사), 미국 펜실베이니아대학교(조경학 석사), 미국 버지니아주립공과대학교(환경 설계·계획학 박사)를 졸업하고, 영국 런던대학교에서 박사후연구를 하였다. 저서로 『경관분석론』, 『조경이 만드는 도시』, 『조경계획·설계론』, 『환경심리·행태론』 등이 있다. 현재 환경조경나눔연구원장을 맡고 있다.

강영은 _ aoii2@hanmail.net

강원대학교 관광경영학과를 거쳐, 서울대학교 조경학과에서 석사와 박사학위를 받았다. 박사 취득 후에는 농촌진흥청 국립농업과학원 박사후 연구원으로 활동하였으며, 현재는 미국 버지니아텍 조경학과에서 박사후 연구원으로 활동하고 있다. 주로 농촌계획, 관광, 경관계획 분야에 학문적 관심을 가지고 있다.

권니아 _ antonia@nia21.com

성균관대학교 조경학과 및 동대학원을 졸업하고, 서울대학교에서 박사학위를 수여받았다. 건축 및 조경사무실에서 조경계획과 개발계획 업무를 담당하였으며, 조경기술사를 취득 후 현재 NIA건축에서 조경 파트를 맡고 있다. 실무를 바탕에 둔 교육의 중요성을 강조하며 성균관대학교, 한경대학교 등에서 강의하였다. 조경계획 분야에 관심을 가지고 있으며 학문적 성과가 실무에 반영될 수 있도록 노력하고 있다.

김대수 _ dsookim@hu.ac.kr

서울대학교 조경학과와 동 대학원 조경미학연구실에서 수학하였다. 현대건설, 무림콘설탄트에서 계획·설계 실무를 거쳤으며, 일반의 미적 체험의 장이 되는 생활환경 공간의 경관 조성과 새로운 방향 모색을 통해 자연과 사람이 어우러진 경관 만들기를 추구하고 있다. 『도시경관계획 및 관리』(공저), 『LAnD: 조경·미학·디자인』(공저), 『경관법과 경관계획』(공저) 등의 저서가 있으며, 현재 한국경관학회 부회장을 맡고 있고, 혜천대학교 도시환경조경과 교수로 재직중이다.

김대현 _ tjjclak@hu.ac.kr

서울대학교 조경학과를 거쳐, 동대학의 대학원에서 석사와 박사학위를 받았다. 오이코스 건축조경기술사사무소에서 용산가족공원 설계 및 SK대덕연구소 조경설계 업무를 담당한 바 있으며, 현재 혜천대학교 도시환경조경과에서 교수로 재직 중이다. 주로 공동주택단지 및 시각자원관리 분야에 학문적 관심을 가지고 있다.

김영민 _ ymkim@uos.ac.kr

서울대학교에서 조경과 건축을 함께 공부하였고 이후 하버드 GSD에서 조경학 석사학위를 받았다. 미국의 조경설계회사 SWA Group에서 6년간 다양한 설계와 계획 프로젝트를 수행하면서 USC 건축대학원의 교수진으로 강의를 하였다. 번역서로 『랜드스케이프 어바니즘』이 있으며, 『공원을 읽다』를 비롯한 다수의 공저가 있다. 오늘날의 조경과 인접 분야의 흐름을 인문학적인 시각으로 읽어내는데 관심이 있다. 현재 서울시립대학교 조경학과 조교수로 재직중이다.

김영진 _ young_jin_k@hotmail.com

호주 국립 뉴캐슬 대학교The Newcastle University와 RMIT 대학교에서 순수미술 조각 전공으로 학사와 석사학위를 수여받았고 숙명여대에서 화예디자인 석사학위를 거쳐 서울대학교 환경대학원에서 공학박사학위를 받았다. 숙명여대 대학원 환경·화예디자인, 계원예대 공간연출과, 신구대 환경조경과에 출강중이며, 환경조형연구소 LeaF(리프)를 운영 중이다. 주로 환경미술·디자인, 공간연출, 화예디자인 계획 및 시행이 전문이며 동일분야에 학문적 관심도 가지고 있다.

박명권 _ grouphan@grouphan.com

서울대학교 조경학과와 동대학원, 서울대학교 환경대학원 도시·환경디자인 최고전문가 과정, CEO 지속가능 경영포럼, 미국 와튼스쿨 최고경영자과정을 수료하고 2008년부터 2년간 하버드 대학교 디자인대학원 객원교수로 재직한 바 있다. 1994년 조경설계사무소 그룹한 어소시에이트를 설립한 이후 꾸준히 대표로 활동하고 있다. 저서로는 『Landscape Architect 2003』, 『GROUPHAN (Landscape Architecture and Urban Design) 2004』, 『한국주택조경설계 2005』 등이 있다.

백재봉 _ jbbaek@pusan.ac.kr

서울대학교 조경학과를 거쳐, 동대학원에서 석사학위를 수여받고 일본 동경대학교에서 박사과정을 수료하였다. 현재는 부산대학교 조경학과에서 조경계획과 경관계획, 환경심리행태론 등을 강의하며 교수로 재직 중이다.

변재상 _ drbyeon@hotmail.com

서울대학교 조경학과를 거쳐, 동대학원에서 석사와 박사학위를 받았다. 박사과정 중 애리조나 대학교University of Arizona에서 객원연구원으로 활동하였으며, 박사 취득 후에는 한국연구재단의 지원을 받아 동경대학교 도시공학과에서 박사 후 연수과정을 수행하였다. 현재는 신구대학교 환경조경학과에서 조경계획과 공원녹지계획, 관광조경계획론 등을 강의하며 교수로 재직 중이다.

신지훈 _ sjihoon@dankook.ac.kr

서울대학교 조경학과를 졸업하고 같은 대학교 대학원에서 석사 및 박사학위를 수여받았다. 그룹한
부설 경관 · 생태디자인연구소 소장으로 근무하면서 도시경관계획, 경관설계, 공원녹지계획 등 다수
의 프로젝트를 수행하였다. 경주대학교 관광조경학과를 거쳐 현재는 단국대학교 녹지조경학과에서
교수로 재직하고 있으며, 조경계획 및 설계, 단지설계, 도시경관론 등을 강의하고 있다.

윤희정 _ hjyun2@kangwon.ac.kr

강원대학교 관광경영학과를 거쳐 서울대학교 조경학과 대학원에서 석사와 박사학위를 수여받았다.
한국문화관광연구원, 농촌진흥청 농촌환경자원과에서 여가공간계획, 지역계획, 농촌계획, 농촌관
광 등의 연구를 진행하였으며, 현재 강원대학교 관광경영학과 교수로 재직 중이다. 학문간 통섭
consilience의 경험을 바탕으로, 관광공간분석 및 계획, 지역계획에 학문적 초점을 두고 있다.

이춘석 _ stoney@gntech.ac.kr

서울대학교 조경학과를 거쳐, 동대학 대학원에서 석사와 박사학위를 수여받았다. 현재 경남과학기
술대학교 조경학과 교수로 재직 중이다. 주로 조경계획 및 설계, 특히 조경의 도시 미기후 조절 역할
에 학문적 관심을 가지고 있다.

정욱주 _ wookju@snu.ac.kr

서울대학교 조경학과와 펜실베이니아 대학교 디자인대학원 조경학과를 졸업하였다. 같은 대학원에
서 겸임교수로 재직하는 동시에 올린 파트너십Olin Partnership과 필드 오퍼레이션스Field Operations에서 조
경가로 활동하면서 대규모 도시공원, 대학 캠퍼스 마스터플랜 프로젝트 등을 수행했다. 현재 서울대
학교 조경 · 지역시스템공학부 교수이며, 협동과정 도시설계학전공에서도 강의 중이다.

정윤희 _ yhjung1@snu.ac.kr

서울대학교 조경학과를 거쳐, 동대학 대학원에서 석사학위를 수여받고 현재 박사학위 과정 중에 있
다. 행정중심복합도시 중앙녹지공간 국제 설계공모를 비롯하여 다수의 공모전 운영 관리 업무를 담
당한 바 있으며, 주로 조경계획 및 경관계획 분야에 학문적 관심을 가지고 있다.

주신하 _ sinhajoo@gmail.com

서울대학교 조경학과를 거쳐, 동대학 대학원에서 석사와 박사학위를 수여받았다. 토문엔지니어링
건축사사무소, 가원조경기술사사무소, 도시건축 소도 등에서 조경과 도시계획 분야의 업무를 담당

한 바 있으며, 신구대학 환경조경과 초빙교수를 거쳐 현재 서울여자대학교 원예생명조경학과 교수로 재직 중이다. 주로 조경계획 및 경관계획 분야에 학문적 관심을 가지고 있다.

최형석 _ swurban@empas.com

서울대학교 조경학과를 거쳐, 동대학원에서 석사와 박사학위를 받았다. 대한주택공사 주택연구소에서 근무하였고, 수원대학교 및 수원과학대학에서 시간강사로 강의한 후, 1990년 3월부터 수원대학교 공과대학 도시부동산개발학과에 재직 중이다. 수원대학교 도시부동산개발학과에서는 도시설계 전공을 담당하고 있으며, 도시계획사, 경관계획, 오픈스페이스계획, 종합설계 등을 강의하고 있다.

한성미 _ sungmi730@hanmail.net

대구가톨릭대학교 조경학과와 동 대학원의 석사학위를 받았고, 미국 루이지애나 주립대학교 Louisianan State University에서 조경학 석사학위를, 서울대학교 조경학과에서 박사학위를 수여받았다. 박사학위 취득 후 서울대학교 조경계획설계연구실에서 박사 후 연수과정을 수행하였다. 한국문화관광연구원을 거쳐 충남대, 목원대, 삼육대, 대구대에서 강의하였으며 현재 대구가톨릭대학교 외래교수로 재직 중이다. 장소성, 도시재생, 도시문화에 관심을 가지고 환경심리학과 문화지리학, 도시 관련 학문과 조경의 융합적 연구를 고민 중에 있다.

참고문헌

- 강영은, "원형경관(原型景觀)의 개념 정립 및 형성요인 연구", 『한국농촌계획학회지』 15(4), 2009, pp.33-42.
- 김대수, "우리나라 지방자치단체 경관계획의 색채계획 비교 연구", 『한국색채학회논문집』 19(3), 2005, pp.41-50.
- 김대수, "환경색채 개선 방안에 관한 연구 - 환경계획·설계 전문가들의 의식과 현황을 중심으로", 『한국색채학회논문집』 25(1), 2011.
- 김대수·조정송, "도시경관의 통합적 개선을 위한 색채관리 제도 연구", 『한국조경학회지』 31(4), 2003, pp.25-38.
- 김대현, "아파트 단지 옥외공간 차별화 방안에 관한 연구", 서울대학교 박사학위논문, 1999.
- 김대현, 『아파트 옥외공간의 변화』, 한국학술정보, 2008.
- 김영진, 『공공화예디자인 이미지 특성 및 평가기준 연구』, 서울대학교 대학원 박사학위논문, 2012, p.2.
- 김한배, 『우리 도시의 얼굴 찾기: 한국 도시의 경관변천과 정체성 연구』, 태림문화사, 1998.
- 농촌진흥청, 『농촌관광 실태 및 선호도 조사 연구』, 농촌진흥청, 2006.
- 대한주택공사, 『주택단지 옥외공간의 설계 특성화 방안에 관한 연구』, 1997.
- 도시재생네트워크, 『뉴욕 런던 서울의 도시재생 이야기』, 픽셀 하우스, 2009, pp.92-117.
- 디자인서울가이드라인의 공공시설물 가이드라인, 4.21 녹지 시설물: 가로 화분대, p.172.
- 리처드 레이놀즈 저, 여상훈 역, 『게릴라 가드닝』, 들녘, 2012.
- 배정한, 『현대 조경설계의 이론과 쟁점』, 도서출판 조경, 2004.
- 변재상, "국내 도시 이미지 및 브랜드 슬로건의 경향 분석", 『대한국토·도시계획학회지 - 국토계획』 44(6), 2009, pp.105-121.
- 변재상, "도시별 이미지 전략 요인의 경향 분석", 『한국조경학회지』 36(2), 2008, pp.80-98.
- 변재상, 『도시 경관 및 이미지 향상을 위한 랜드마크 형성모델』, 서울대학교 대학원 박사학위논문, 2005.
- 변재상·임승빈·주신하, "초고층 랜드마크의 인지거리 및 인지강도와의 상관관계 분석 - 서울시 30층 이상 고층건물을 대상으로", 『한국조경학회지』 35(4), 2007, pp.90-104.
- 서울특별시, "서울숲조성공사(공원) 실시설계(조경)", 2004.
- 신지훈, "경관계획 및 경관설계의 현황과 과제", 월간 『환경과 조경』 199호, 2004, pp.116-119.
- 심승희, "역사경관과 지역 정체성에 관한 연구: 전주시 한옥보존지구와 역사유적을 사례로", 『지리교육논집』 33(1), 1995, pp.43-73.
- 유하룡, "리조트?아파트!", 조선일보 2011년 1월 27일자.
- 윤태연, 『논농업의 경관 가치 평가』, 서울대학교 석사학위논문, 2004.
- 윤희정, 『지역계획을 위한 도시민의 농촌여가 수요와 선택속성 연구』, 서울대학교 박사학위논문, 2007.
- 윤희정·조미경, "도시공원 진화상의 비관적 고찰을 통한 도시농업공원의 발전 가능성", 『농촌계획』 18(2), 2012, pp.81-90.
- 이석우, "아파트 디자인의 진화", 조선일보 2009년 10월 23일자.
- 이춘석·류남형, "조경포장이 옥외공간의 온열쾌적성 지수(WBGT)에 미치는 영향", 『한국조경학회지』 38(1), 2010, pp.1-8.
- 이춘석·류남형, "통풍과 차양이 하절기 옥외공간의 평균 복사온도에 미치는 영향", 『한국조경학회지』 40(5), 2012, pp.100-108.
- 이현휘, "부동산 마케팅에 관한 연구", 서강대학교 경영대학원 석사학위논문, 1997.
- 임승빈, "프로슈머 조경", 월간 『환경과 조경』 2007년 3월호, pp.52-53.
- 임승빈, "21세기의 프로슈밍 경관", 신경관심포지엄 기조강연, 서울대지역개발조경연구소, 2011, pp.7-21.

- 임승빈, "강과 도시경관 및 건축", 전상인 · 박양호 공편, 『강과 한국인의 삶』, 나남, 2012, pp.591-611.
- 임승빈, 『경관분석론』, 서울대학교 출판부, 1991.
- 임승빈, 『도시경관계획론』, 집문당, 2008.
- 임승빈, 『조경이 만드는 도시』, 서울대학교 출판부, 1998.
- 임승빈, 『환경심리와 인간행태』, 보문당, 2007.
- 임승빈 · 변재상, "도시경관관리를 위한 스카이라인 형성기법에 관한 연구 - 미국 주요 도시의 스카이라인 형성요인과 기법적 특성을 중심으로", 『한국도시설계학회 논문집』 6(1), 2002, pp.5-18.
- 전영옥, "어메니티가 도시경쟁력이다", 삼성경제연구소 Information 384호, 2003, p.5.
- 제인 제이콥스 저, 유강은 역, 『미국 대도시의 죽음과 삶』, 그린비, 2010.
- 조정송 외, 『LAnD: 조경 · 미학 · 디자인』, 도서출판 조경, 2006.
- 주간 『조선』 2004년 3월 28일, 1785호.
- 주신하 · 김영희, "도시공원 이용자의 설계개념 인식정도 - 서울숲공원, 여의도공원, 선유도공원을 사례로", 『한국조경학회지』 38(5), 2010, pp.53-63.
- 찰스 왈드하임 편, 김영민 역, 『랜드스케이프 어바니즘』, 도서출판 조경, 2007.
- 청원군, 『사진으로 보는 청원 60年史』, 2006.
- 최창조, 『한국의 풍수사상』, 민음사, 1984.
- 통계청, 『2010 인구주택총조사』, 2011.
- 한국경관협의회, 『경관법과 경관계획』, 보문당, 2008.
- 한성미, 『소수자집단의 장소성 형성에 대한 문화심리학적 분석 - 탑골 · 종묘공원과 옌볜거리를 중심으로』, 서울대학교 박사학위논문, 2010.
- 현진상, 『한글 산경표』, 도서출판 풀빛, 2000.
- 환경과 조경 편집부, 『한국의 공원: Park_scape』, 도서출판 조경, 2006.
- 황기원, 『경관의 해석 - 그 아름다움의 앎』, 서울대학교 출판문화원, 2011.

- Byeon, J. S., M. T. Kim, and S. B. Im, Designation and Management of National Historic Landmarks in the United States, Architectural Research 6(1), 2004, pp.13-24.
- Congress for the new urbanism, Charter of the new urbanism, The McGraw-Hill Companies, Inc., 2000.
- Daniels, T., What to do about Rural Sprawl?, paper presented at The American Planning Association Conference, 1999.
- Epstein, Y., Moran, D. S., Thermal Comfort and the Heat Stress Indices, Industrial Health 44, 2006, pp.388-398.
- Hidding M. C., A. T. J. Teunissen, Beyond fragmentation: new concepts for urban-rural development, Landscape and Urban Planning 58, 2002, pp.297-308.
- Holahan, C. J., Environment psychology, NY: Random House, Inc., 1982.
- ISO 7726 Ergonomics of the thermal environment - Instruments for measuring physical quantities.
- ISO 7730 Moderate thermal environments - Determination of the PMV and PPD indicies and specification of the conditions for thermal comfort.
- Lancaster, M., Colourscape, John Wiley & Son Ltd., 1996.
- Lenzholzer, S., Designing Atmosphere: Research and Design for Thermal Comfort in Dutch Urban

Squares, Ph.D. Thesis of Wageningen University, 2010, pp.32-55.
- Lynch, K., The image of the city, MA: The MIT Press, 1964.
- Matzarakis A., Helmut M., Moses G., Applications of a universal thermal index: physiological equivalent temperature, Int. J. Biometeorol. 43, 1999, pp.76-84.
- Meinig, D. W. ed., The Interpretation of Ordinary Landscape: Geographical Essays, Oxford: Oxford University Press, 1979.
- Norberg-Schulz, C., Genius Loci: Towards a phenomenology of Architecture, London: Academy Editions, 1980.
- Oded Potchter et al, The use of urban vegetation as a tool for heat stress mitigation in hot and arid regions, case study: Beer Sheva Israel, City weathers: meteorology and urban design 1950-2010, Proceeding of Conference at The University of Manchester, 2010, pp.1-13.
- Ost, D., Invitations, Lannoo Publishers, 2002, p.73.
- Ost, D., Leafing through Flowers, Callaway, 2000, p.212.
- Ost, D., Tielt, Lannoo Publishers, 2009, p.80.
- Porter, T., Architectural Color: The Outside Color in Architecture, Whitney Library of Design, 1982.
- Rapoport, A., Human Aspects of Urban Form, Oxford: Pergamon, 1977.
- Relph, E., Place and Placelessness, London: Pion Limited, 1976.
- Swirnoff, L., The color of cities: an international perspective, New York: McGraw-Hill, 2000.
- Toy, S. et al, Evaluation of urban-rural bioclimatic comfort differences over a ten-year period in the sample of Erzincan city reconstructed after a heavy earthquake, Atmosfera 23(4), 2010, pp.387-402.
- Tuan, Y. F., Rootedness versus sense of place. Landscape 24, 1980, pp.3-8.
- Yanagi Yukinori, Inujima Note, Miyake Fine Art Ltd., 2010.

- 篠原修, 土木景觀計書, 技報堂出版, 1979.

- http://en.wikipedia.org/wiki/Scale
- http://www.envi-met.com
- http://en.wikipedia.org/wiki/Musical_mode
- http://blog.ebslang.co.kr/blog/c...27/P1552
- http://blog.naver.com/cri100?Redirect=Log&logNo=70093077162
- http://blog.naver.com/ellecogato?Redirect
- http://blog.naver.com/fleuart?Redirect=Log&logNo=100058317063
- http://blog.naver.com/mouse80?Redirect=Log&logNo=50045732308
- http://blog.naver.com/mymysss?Redirect=Log&logNo=90045650555
- http://blog.naver.com/wnsyd?Redirect=Log&logNo=40146213812
- http://cafe.naver.com/flowernews24.cafe
- http://hanjo1004.blog.me/130072484562
- http://sweeties.egloos.com/4556073
- http://www.bom.gov.au/info/thermal_stress/.
- http://www.hcchung.pe.kr/